商用级

AIGC

绘画创作与技巧

(Midjourney+Stable Diffusion)

菅小冬 / 编著

U0094384

清华大学出版社

北京

内 容 简 介

本书围绕 AI 绘画这个主题展开，介绍 AI 绘画的基础知识以及 Midjourney 和 Stable Diffusion 两大流行 AI 绘画工具的用法。

本书共 10 章，内容细致，逻辑清晰，语言通俗易懂，从 AI 绘画的基本概念以及发展历史讲起，随后结合 Midjourney 和 Stable Diffusion，详细介绍 AI 绘画的使用方法以及常用技巧，同时本书还包含大量实例，以帮助读者更好地理解内容。

本书适合对 AI 绘画有兴趣的各类读者，还可以作为相关院校的教材或辅导用书。

图书在版编目 (CIP) 数据

商用级 AIGC 绘画创作与技巧：Midjourney+Stable Diffusion / 菅小冬编著 . —北京：清华大学出版社，2023.10

ISBN 978-7-302-64709-6

Ⅰ. ①商… Ⅱ. ①菅… Ⅲ. ①图像处理软件 Ⅳ. ① TP391.413

中国国家版本馆 CIP 数据核字 (2023) 第 176562 号

责任编辑：陈绿春
封面设计：潘国文
版式设计：方加青
责任校对：胡伟民
责任印制：杨　艳

出版发行：清华大学出版社
　　　　网　　　址：http://www.tup.com.cn，http://www.wqbook.com
　　　　地　　　址：北京清华大学学研大厦 A 座　　　　邮　　　编：100084
　　　　社 总 机：010-83470000　　　　邮　　　购：010-62786544
　　　　投稿与读者服务：010-62776969，c-service@tup.tsinghua.edu.cn
　　　　质 量 反 馈：010-62772015，zhiliang@tup.tsinghua.edu.cn
印 装 者：三河市君旺印务有限公司
经　　　销：全国新华书店
开　　　本：188mm×260mm　　　印　　　张：10.75　　　字　　　数：356 千字
版　　　次：2023 年 11 月第 1 版　　　印　　　次：2023 年 11 月第 1 次印刷
定　　　价：79.00 元

产品编号：102867-01

前言 PREFACE

在过去的几年中，AI绘画技术取得了令人瞩目的进步，并随着Dall·E、Midjourney、Stable Diffusion等产品的发布进入大众视野，迅速引起了广泛的关注。仿佛就在一夜之间，很多人都开始谈论AI绘画，人们一边惊叹于它出色的能力，一边又担心它可能带来的冲击。

笔者从事设计和插画工作多年，用过很多设计相关的软件和平台，回顾这些年用过的设计工具，经常感慨技术发展之快，让今天的艺术创作者们拥有了众多以前难以想象的利器，从而大大提升了创作的效率。然而，所有这些工具给笔者带来的惊讶，都不如去年注意到AI绘画领域的进展时所受到的震撼。

与Photoshop等工具不同，AI绘画不仅能增强创作者已有的技艺，还能赋予创作者一些新的能力。更具体一点来说，使用Photoshop等工具进行创作，需要你本身具备一定的美术技能，而使用AI绘画进行创作，即使你完全不会画画也可以创作出令人赞叹的画作。

AI绘画是一种前所未有的新事物，它令人兴奋，同时也给人一种危机感，它的出现可能会给艺术创作领域带来巨大的改变。

虽然AI绘画背后的原理和细节十分复杂，但神奇的是，它所呈现出来的基本交互形式却极为简单，创作者只需输入文字描述，AI就能生成你想要的图像。这种形式本身就是技术与艺术结合到极致的一个美妙设计。

当然，尽管只要会打字就能使用AI绘画，但要自如地驱动AI绘制出你心中理想的画面，仍然需要了解很多细节与技巧。就如同摄影，尽管如今任何人都可以很方便地使用手机拍照，但要想拍出优秀的照片，仍然需要了解很多摄影知识。如果想深入学习AI绘画，一本系统地介绍AI绘画的书籍无疑会很有帮助，这便是编写本书的目的。

本书的主要内容包括AI绘画的基本概念、发展历史以及目前最流行的两大AI绘画工具——Midjourney和Stable Diffusion的详细介绍和使用方法。在阐述理论知识的同时，本书还准备了大量实例，以帮助读者更好地理解和掌握AI绘画这一强大的工具。

本书适用于对AI绘画感兴趣、希望了解和学习这一领域知识的广大读者，包括但不限于艺术家、设计师、教育工作者、研究人员以及业余爱好者。对于初学者，建议从头到尾按顺序阅读；对于有一定基础的读者，可根据自己的需求有选择地阅读相关章节。

　　在编写本书的过程中，笔者得到了很多人的帮助，特别要感谢清华大学出版社编辑在本书编写过程中给予的宝贵建议与指导。同时也要感谢我的家人，在创作过程中始终给予我包容和鼓励。如果没有他们，本书不可能顺利完成。

　　虽然笔者已经尽了最大努力，但书中难免存在错误和疏漏，在此恳请广大读者朋友不吝指正，有任何问题，都可以用微信扫描下面的技术支持二维码，联系相关人员解决。

　　本书的配套资源包括相关章节的视频教学以及《Midjourney提示词电子书》，请用微信扫描下面的二维码进行下载。

技术支持

配套资源

　　AI绘画领域充满了无限可能，希望本书能为你的AI绘画之旅带来启发和帮助。

菅小冬

2023年6月于杭州

CONTENTS 目录

第4章 Midjourney 的常用设置以及参数

第5章 Midjourney 创作实例

第 6 章 Midjourney 进阶用法

第 7 章 Stable Diffusion 介绍

第 8 章 Stable Diffusion 创作实例

第 9 章　Stable Diffusion 进阶用法

第 10 章　AI 绘画的思考与展望

第 1 章
AI 绘画简介

　　技术的发展往往不是线性的，一项新的技术可能会先在实验室中研究发展很多年，直到取得一些关键性的突破才能迎来拐点，进入应用的爆发期。目前，AI 绘画技术就正在经历这样的拐点。

　　回想一下，5 年前甚至 3 年前，插画师、设计师们是如何工作的？虽然与几十年前乃至更早期的同行相比，现代创作者们有着更先进的工具，例如 Photoshop，但在将创意转换为作品的过程中，他们与前辈们相比其实并没有太多本质上的区别。大体上来说，每一幅作品的每一个细节，都需要一位创作者亲手完成，因此创作者本身的绘画技能是必不可少的，不同之处只是现代创作者们手中的工具更强大、更高效。

　　但这一现象在 AI 绘画技术进入应用之后发生了变化，如今，创作者们仅通过非常简单的输入（如语言描述、草图等）就可以得到复杂且精致的图像，即使是并没有受过绘画训练的人，也能创作出原本只有专业画师才能完成的作品。

　　AI 绘画技术的影响是深远的，我们仍处在这次技术浪潮的初期，但已经可以预见，不远的将来，插画、设计等领域将因之迎来巨变。

　　下面就让我们一起步入 AI 绘画的世界，学习 AI 绘画的技能，并感受 AI 绘画的魅力。

1.1
什么是 AI 绘画

　　AI 绘画（Artificial Intelligence Painting）指的是应用人工智能技术生成绘画作品。这项技术的产生源于计算机科学、神经网络和机器学习等领域的发展。最早的计算机生成技术可以追溯到 20 世纪 50 年代，近年来的发展则主要归功于深度学习技术的进步以及硬件性能的提升。

　　从原理上来说，现代 AI 绘画技术主要是通过神经网络大量学习艺术作品的风格和特征，最后将所学的元素和风格融合到新的作品中，从而创作出新的绘画作品。

　　虽然目前很多 AI 绘画作品在细节上还有瑕疵，但也有不少作品场景恢宏、刻画细腻，甚至超越了普通人类画师的水平。

　　如图 1-1 所示的左右两张图，内容都是美味的蛋糕，但其中有一张是真实拍摄的照片，另一张则是由 AI 生成的图片，你能看出哪一张是真实照片吗？

　　在答案揭晓之前，我们先来介绍 AI 绘画技术的形式，以及它究竟能做些什么。

　　关注过 AI 绘画领域动态的人应该知道在 Midjourney

图 1-1

等现在最流行的 AI 绘画工具中，只要输入文字提示词，AI 就能生成对应的图像，整个过程如图 1-2 所示。

图 1-2

这个过程颇为神奇，因此人们为输入的文本提示词（prompt）赋予了各种有趣的别称，如"咒语""吟唱"等。在本书中，将统一称之为"提示词"。

在 AI 绘画技术发展的早期，控制计算机进行自动绘画是一件极具挑战性的任务，通常需要编写或输入很多复杂的规则和数据，一般需要专业人士才能完成。然而，随着技术的不断改进，如今仅需简单地输入描述文本便能生成图片，这便大大降低了 AI 绘画的使用门槛，让 AI 绘画广泛流行开来的同时，也让更多的用户、开发者以及投资者关注到了这个领域，为 AI 绘画生态的良性发展提供了有力的支持。

那么，使用提示词都能画什么样的画呢？来看几个例子。

图 1-3 所示是在 Midjourney 平台使用提示词"a cute cat"（一只可爱的猫）生成的作品。类似这样的图片如果手绘可能需要几个小时，但借助 AI 绘图，只需几十秒就能轻松生成。

图 1-3

如果希望生成的图片更加真实，可以再添加"photo"等关键词，让生成的图片像照片一样，如图 1-4 所示。

图 1-4

镜头的虚化，毛织物的质感，这个图像如此逼真，乍看之下，可能很多人会误认为这就是一张真实的照片。

当然，也可以根据每个人不同的喜好，生成各种其他风格的图片，例如水彩风、像素风、平面风、漫画风等，如图1-5所示。

图1-5

除了绘制这些常见类型的图片，AI绘画还能创作各种富有想象力的画面。例如，想象一下，如果一只猫成了宇航员，它会是什么样子的呢？借助AI绘画，可以很方便地将这样的奇思妙想转化为实际的图片，如图1-6所示。

图1-6

除了绘制人物或者动物，AI绘画在风景绘制方面也非常强大。如图1-7所示，想象中的"雪山、瀑布"风景完美地融为一个整体。

图 1-7

绘制漫画风格的风景也不在话下，如图 1-8 所示。

图 1-8

以上的例子只是对于 AI 绘画能力的一个小小展示，这些例子能够给之前不了解 AI 绘画的人提供一个粗略的认识基础。可以说，借助 AI 绘画，几乎可以将自己想象的任何场景转变为图片。当然，要更好地操作 AI 绘画也需要掌握一些技巧，更多的说明以及实例详见后续章节。

在本小节结束之前，来回答一下最开始的那个问题，两张美味的蛋糕照片中，左边那张是真实拍摄的照片[①]，右边的则是 AI 生成的（Midjourney V 5.1）。你看出来了吗？

①拍摄者：Sara Cervera

扫码查看

1.2 为什么要学习 AI 绘画

AI 绘画的发展让很多人兴奋，因为对业余人士来说，AI 绘画的出现大大降低了绘画创作的门槛，同时对专业人士来说，如果应用得当，AI 绘画可以大幅提升创作的效率。不过，也有很多人为 AI 绘画的兴起感到担忧，认为 AI 绘画缺乏真正的创造力，会对人类画师的工作岗位产生冲击。无论支持哪一方观点的人更多，有一点都是肯定的——AI 绘画技术不容忽视。无论是专业画师，还是对绘画有兴趣的业余爱好者，或者是工作和生活中有绘画需求但不具备绘画技能的人，都应该了解和学习 AI 绘画，也许会因此打开一扇新的大门。

说了 AI 绘画的那么多好处，下面就来看一看，和人类手工绘画相比，AI 绘画具体有什么样的优势。

1.2.1 高效

得益于计算机以及先进算法的应用，AI 绘画可以在很短的时间内生成图像，无论你是想快速将创意变成作品，还是想快速生成大量指定类型的图片，都能通过 AI 绘画实现，这将大大提升创作的效率。

效率的提升可以带来巨大的变化，例如原本需要非常努力才能赶上截稿时间时，如果 AI 绘画提升了绘制的效率，就能更加从容地进行创作，有更多的时间完善细节，甚至还可以探索更多的创意方案。

1.2.2 创新

很多时候，创新并不是凭空生成的，而是根植于无数现有的作品，再由某位"妙手"向前推进一步而来。关于 AI 是否能进行真正的创新仍有很多争议，但不可否认的是，AI 绘画很擅长分析和学习大量的艺术作品，并进行风格迁移和混合创作，从某种意义上来说，这种混合创作也是创新的一种形式。

尽管这样的创新也许有一些上限，但它们也常常能带来全新的视觉体验，从而为人类画师带来灵感。

1.2.3 个性化

在具备通用的绘画能力的基础上，AI 绘画还可以通过训练特定的数据集和模型，实现对指定风格和审美的捕捉与呈现，从而满足个性化的绘画需求。

1.2.4 可探索性

AI 绘画可以模拟各种画笔、颜料、纹理等效果，可以实现对各种艺术元素的无限组合和变化，加上它能以极高的效率运行，从而让艺术家可以快速探索各种创作空间。

1.2.5 专业门槛低

AI 绘画降低了绘画技能的门槛，用户无须具备专业的绘画技能，也可以利用 AI 生成复杂精致的作品。AI 绘画能让更多人尝试绘画创作，享受绘画的乐趣。

当然，虽然 AI 绘画有种种优点，现在也仍然存在很多不足。例如，目前流行的大部分 AI 绘图工具或平台都是通过文本、图片来生成图像，这一做法虽然简化了图片生成流程，但也使图片细节的绘制难以控制。例如，如果对图片的某个部分或者某个细节不满意，想要进行微调，用文本描述调整起来可能会有一些困难。此外，目前 AI 绘画在绘制人类手指等元素时还不太完美，常常出现手指数量或者姿势与常识不符的情况。

然而，尽管存在这些不足，AI 绘画工具仍然值得探索和学习。正如我们在使用工具时，通常不会期望一件工具百分之百完美并且能够解决我们的所有问题一样，AI 绘画目前虽然存在诸多不足，但只要它确实能帮助创作者完成创作，那么它就是值得学习和使用的。何况 AI 绘画技术正处于快速发展之中，今天所遇到的问题，在不久的将来或许就能得到解决。

另外，关于 AI 绘画的作品是否有艺术价值或者有多大艺术价值，也是一个被广泛争论的议题。笔者认为，AI 绘画现在与摄影技术刚出现时所面临的情况有一些类似：摄影技术的出现影响了传统肖像画、风景画的市场，虽然大部分照片在艺术价值上可能不如传统绘画，但时至今日，摄影已经无可争议地成了一种专门的艺术形式。

1.3
AI 绘画的应用场景

AI 绘画是一项全新的技术，可以预见，它将大幅降低各类涉及图像的行业的创作成本，当它的质量足够好，同时成本又足够低时，必然会在各领域中得到大量应用。

下面介绍一些可能的应用场景。

1.3.1　艺术创作

AI 绘画目前已经引起了大量艺术家和设计师的关注，借助 AI 绘画，创作者们可以更快速地开拓创意，大幅提升创作的效率，甚至可以创作出一些之前难以完成的作品，如图 1-9 所示。

图 1-9

1.3.2　个性化设计

个性化设计通常是昂贵的，需要专业创作者花费一定的时间和精力才能完成，就如同相机发明之前，通常只有具有一定经济或社会地位的人才能请得起画师为自己创作肖像画，但自从相机问世，尤其是在具有拍摄功能的手机流行起来之后，一个普通人一天的自拍照片数有可能超过一位古人一生的肖像画数量。

除了自拍，用户可能还会有很多个性化的设计需求，例如为自己打造一个独特的社交网络头像，为自己设计一件独一无二的 T 恤，或者为自己的宠物生成一幅油画，等等。在 AI 绘画技术诞生之前，这类需求一般需要找专门的画师定制才能完成，但有了 AI 绘画，任何人都可以自己动手来绘制需求的图片，如图 1-10 所示。

图 1-10

1.3.3　广告与营销

AI 绘画可以用于制作更具吸引力的广告，提升品牌的形象。甚至，AI 绘画还可以通过分析消费者的喜好，专门生成更具针对性的广告图片，如图 1-11 所示。

图 1-11

1.3.4　游戏与娱乐

AI 绘画可以为游戏和动画片制作提供支持，生成更多样化、更有创意的角色和场景。未来或许还可以根据游戏的剧情进展，实时生成新的设计和元素，提升游戏体验，如图 1-12 所示。

图 1-12

1.3.5 教育

AI 绘画可以用于教育领域，帮助学习绘画的学生更好地理解和掌握绘画技巧，例如可以为不同的学生提供有针对性的指导，并实时反馈。

除了美术教育，其他学科也能在 AI 绘画技术的发展中受益。现在受限于成本，很多知识点并没有配图，借助 AI 绘画，也许我们可以为那些原本枯燥抽象的知识配制插图甚至动画，帮助学生更好地学习和理解知识，如图 1-13 所示。

图 1-13

1.3.6 时尚与服装设计

利用 AI 绘画技术，设计师可以快速生成新的服装设计方案，提高设计效率。此外，AI 还可以根据时尚趋势自动更新设计元素，帮助设计师保持与潮流同步，如图 1-14 所示。

图 1-14

1.3.7　建筑与室内设计

　　AI 绘画可以辅助生成建筑和室内设计方案，提高设计效率。目前，要将设计方案转换为 3D 效果图仍是一项成本较高的工作，但已经有一些团队在探索使用 AI 生成 3D 效果图的方案，并取得了一些进展，如图 1-15 所示。

　　另外，除了效果渲染，AI 甚至可以进一步参与设计的过程，例如通过分析用户需求和喜好，让 AI 提供个性化的设计建议等。

图 1-15

1.3.8　影视后期制作

　　AI 绘画可以用于影视后期制作，如场景合成、特效制作等。利用 AI 技术，可以更快速地完成这些任务，节省成本和时间，如图 1-16 所示。

图 1-16

1.3.9　文化遗产保护与复原

　　AI 绘画可以辅助修复受损的艺术作品，如修补破损的画作、雕塑等。通过分析原作品的风格和技法，AI 可以生成与原作品风格相近的修复方案，如图 1-17 所示。

图 1-17

　　以上列举了一些 AI 绘画可能的应用方向，然而这只是 AI 绘画的冰山一角。可以预见，随着 AI 绘画的进一步发展，它一定会在各领域中找到应用并落地，为人们的学习和生活带来翻天覆地的变化。

1.4
本章小结

　　AI 绘画的出现颠覆了大多数人的认知，人们既担心它对自身行业的冲击，又犹豫要不要接纳并学习这项新技能。

　　尽管关于 AI 绘画仍有很多争论，但不可否认，它确实带来了很多正向的改变，在降低创作门槛的同时，也能让创作者提高创作效率。无论是专业的艺术创作者，还是业余的绘画爱好者，都可以学习 AI 绘画，探索更多的可能。

　　AI 绘画的应用前景非常广阔，可以预见，随着相关技术的进一步发展，AI 绘画将在更多领域找到应用。

第 2 章
AI 绘画的发展历史

在深入学习之前，首先介绍一些 AI 的基本概念，并回顾一下 AI 绘画的发展历史。本章内容不涉及过于专业的知识，如果读者迫不及待地想要开始实践环节，可以跳过本章。但如果时间允许，仍然建议阅读本章，因为这些基础知识将有助于读者更好地理解 AI 绘画的工作原理。

2.1 什么是人工智能

人工智能（Artificial Intelligence，简称 AI）是计算机科学的一个重要分支，是一门寻求模拟、扩展和增强人的智能的科学和技术领域，涉及计算机科学、心理学、哲学、神经科学、语言学等多个学科。人工智能的主要目标是使计算机或其他设备能够执行一些通常需要人类智慧才能完成的任务，如学习、理解、推理、解决问题、识别模式、处理自然语言、感知和判断等。

人工智能的发展可以分为两大类——弱人工智能（Weak AI）和强人工智能（Strong AI）。弱人工智能是指专门设计用来解决特定问题的智能系统，如语音识别、图像识别和推荐系统等。这些系统在某些特定任务上表现出高度的智能，但它们并不具备广泛的认知能力或自主意识。

强人工智能则是指具有广泛认知能力和类人意识的智能系统，这种系统理论上可以像人类一样处理各种问题，独立地学习和成长。然而，尽管人工智能领域已经取得了显著的进展，但目前尚未实现强人工智能。

本书所介绍的 AI 绘画属于弱人工智能范畴。

人工智能的历史可以追溯到 20 世纪 40—50 年代。那时，一批来自不同领域（数学、心理学、工程学、经济学和政治学）的科学家开始探讨制造人工大脑的可能性。1956 年，约翰·麦卡锡（John McCarthy）等人在为著名的达特茅斯会议撰写的提案中创造了"人工智能"一词，这次会议也正式将人工智能划分为一个新的领域。从那时起，人工智能经历了多次发展高潮和低谷。总体来说，人工智能的发展可以分为四个阶段。

1. 早期研究（20 世纪 50 年代—60 年代）

第一个阶段，科学家们集中精力研究基本的人工智能概念和理论。代表性成果包括图灵测试、第一个人工智能程序（逻辑理论家）以及人工神经网络的基础研究。

2. 知识表示与专家系统（20 世纪 70 年代—80 年代）

第二个阶段，研究重心转向利用知识表示、推理和规划技术，解决更复杂的问题。其间涌现出大量基于知识的专家系统，如早期的医疗诊断系统 MYCIN。

3. 机器学习与统计方法（20 世纪 90 年代—21 世纪初）

第三个阶段，人工智能领域开始广泛应用机器学习技术，尤其是统计学习方法。代表性技术包括支持向量机（SVM）、随机森林以及早期的深度学习方法。

4. 大数据与深度学习（21 世纪 10 年代—至今）

随着大数据的兴起和计算能力的提高，深度学习技术取得了突破性进展。诸如卷积神经网络（CNN）、循环神经网络（RNN）以及强化学习等领域取得了重要成果。这一阶段的人工智能已在众多应用场景中取得了显著的成绩，如图像识别、自然语言处理和自动驾驶等。

近几年，人工智能技术正在飞速发展，逐渐从实验室走进人们的日常生活，并在许多领域产生了深远的影响。例如，医疗领域的 AI 辅助诊断系统为医生提供了更准确的诊断建议，提高了治疗效果；教育领域的个性化学习系统使得学生能够根据自己的需求和兴趣进行定制化学习；金融领域的智能投顾则为投资者提供了更加精准的投资建议和风险评估。

此外，在创意产业中，AI 也表现出了强大的潜力。例如在艺术、音乐和写作等领域，越来越多的人类作者正在探索与 AI 共同创作的可能。

2.2 早期的计算机绘画尝试

早在 20 世纪 50 年代，计算机科学家便开始尝试使用算法生成各式各样的简单或复杂的几何图形，尽管这些图形与传统绘画存在很大差异，但它们标志着计算机在艺术创作领域开始初步尝试。

随后的几十年里，越来越多的科学家和艺术家着手探索计算机绘画的潜力，他们创作了很多印刷、素描、油画、照片和数字艺术作品，其中一些人成为计算机艺术领域的先驱，为后人留下了众多经典作品。

20 世纪 60 年代，德国斯图加特大学的哲学教授马克思·本塞（Max Bense）成立了一个非正式的学派，他主张采用更科学的方法研究美学，这一主张对许多早期的计算机艺术从业者产生了深远的影响。事实上，本塞教授是最早将信息处理原理应用于美学的学者之一，他的演讲厅也是世界上第一个计算机生成艺术展览的举办地。

弗里德·纳克（Frieder Nake）在斯图加特大学攻读数学专业研究生期间加入了这个由本塞领导的学派，并成为核心成员。1965 年，纳克发布了一幅由计算机程序生成的画作，名为《向保罗·克利致敬》（Hommage à Paul Klee）（如图 2-1 所示）。这幅画作被认为是数字艺术运动先锋时代的标志性之作，是 20 世纪 60 年代中期计算机艺术最早阶段中最常被引用的画作之一。

图 2-1　向保罗·克利致敬（1965），弗里德·纳克（Frieder Nake）

这幅画的灵感源自保罗·克利（Paul Klee）于 1929 年创作的《大路与小道》（High Roads and Byroads），现藏于德国科隆的路德维希博物馆。纳克借鉴了克利对比例及画面中垂直与水平线条关系的探究，编写了相应的算法，并使用绘图仪生成了这幅作品。

绘图仪是一种机械设备，用于固定画笔或毛刷，并通过连接的计算机来控制其运动。在当时的技术背景下，计算机还没有可以显示图像的屏幕，艺术家需要借助绘图仪等工具将作品展现出来。在编写计算机程序创作作品时，纳克还特意将随机变量融入程序，让计算机在某些选项中基于概率自动做出选择。

哈罗德·科恩（Harold Cohen）是一位英国艺术家，曾代表英国参加 1966 年的威尼斯双年展。1968 年，他成为加州大学圣地亚哥分校的客座教授，在那里他接触到了计算机编程。1971 年，他向秋季计算机联合会议展示了一个初步的绘画系统原型，并因此受邀以访问学者的身份前往斯坦福人工智能实验室，1973 年，他在那里开发了名为 AARON 的计算机绘画程序。

AARON 的目标是实现独立的艺术创作，它不同于之前的大部分仅能生成随机图片的同类产品，AARON 则能够绘制特定的对象。不过，这个系统与现在被人们理解的人工智能不同，它没有通过海量数据学习绘画，而是一个由开发者构建的"专家系统"，通过人工编码大量复杂的规则来模仿人类的决策过程。此外，由于当时的计算机存在诸多限制，为了实现绘图功能，科恩还开发了专用的外接设备，利用机械臂在纸上移动画笔进行作画。

AARON 虽然只能按照科恩编码的风格进行创作，但它能以这种风格绘制出无限的作品。图 2-2 和图 2-3 所示是科恩的两幅作品。

图 2-2　无题阿姆斯特丹组曲 11（1977），哈罗德·科恩（Harold Cohen）

科恩（或者说 AARON）的作品引起了全球的关注，曾在伦敦泰特现代美术馆和旧金山现代艺术博物馆等主要机构展出。

除了艺术方向的探索，也有科学家尝试使用计算机绘制学术方向的图像。

本诺伊特·曼德尔布罗特（Benoit Mandelbrot）是分形几何的奠基人，他的名字与著名的曼德尔布罗特集合紧密相连。曼德尔布罗特集合是通过对复数迭代运算生成的分形图形，这种图形在计算机艺术中具有重要意义。

1978 年，罗伯特·W·布鲁克斯（Robert·W·Brooks）和彼得·马特尔斯基（Peter Matelski）使用计算机绘制了第一张曼德尔布罗特集合的公开图片，如图 2-4 所示。

图 2-3　第一批运动员，运动员系列（1986），哈罗德·科恩（Harold Cohen）

图 2-4　第一张曼德尔布罗特集合的公开图片（1978 年）[1]　　　　[1]扫码查看

之后，1980 年，本诺伊特·曼德尔布罗特本人在位于纽约约克镇的 IBM 托马斯·沃森研究中心工作时生成了该集合的更高质量可视化效果图，如图 2-5 所示。

曼德尔布罗特集合的定义非常简单，但其产生的结构极为复杂，无论放大多少倍，都能发现它仍然包含着无限精细且自相似的细节，这也是分形图形最重要的特征。如果不借助计算机而仅凭人力，曼德尔布罗特集合几乎不可能被精确绘制。

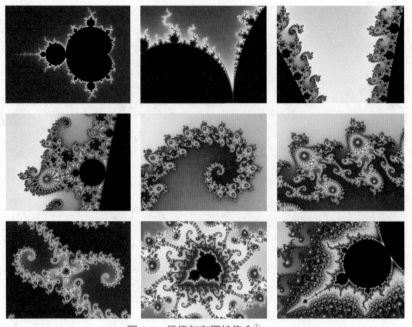

图 2-5　曼德尔布罗特集合[1]

①扫码查看

到 20 世纪 80 年代中期，计算机已经强大到足以以高分辨率绘制和显示复杂的图形。由于独特的美学魅力，曼德尔布罗特集合经常被选中用于演示计算机的图形能力，它也因此变得更为流行，成为数学可视化、数学美和主题（motif）的最著名示例之一。

这段时期虽然产生了很多让人印象深刻的计算机绘画作品，但它们在创造力以及艺术表现上仍然比较有限，因为它们背后的算法规则仍然很简单。20 世纪 80 年代至 90 年代，神经网络和机器学习技术的出现，为计算机绘画的发展带来了新的可能性，这些技术允许计算机通过学习大量数据来模拟人类大脑的工作方式，从而在一定程度上实现智能绘画。

随着新技术的应用，艺术家们能够使用计算机创作出更为复杂和逼真的作品。

2.3
新技术的发展（21 世纪 10 年代）

21 世纪 10 年代，经过多年的积累，AI 绘画技术进入了一个快速发展期。

ImageNet[2] 是一个庞大的视觉数据库项目，致力于推动视觉对象识别研究。该项目已经对超过 1400 万张图像进行了手工标注，描述图像内容，其中至少有 100 万张图像的标注还带有边界框。自 2010 年以来，ImageNet 每年都会举办一次计算机视觉竞赛，以推动图像识别和分类技术的进步。

②扫码查看

在 2012 年的比赛中，一个名为 AlexNet 的深度卷积神经网络（Convolutional Neural Network，CNN）的算法表现卓越，远超其他参赛作品，赢得了冠军。这一成就被视为计算机视觉领域的一个重要里程碑，引起了广泛关注。

AlexNet 主要应用于计算机视觉领域，特别是图像分类任务。然而，它的成功也对 AI 绘画领域产生了深远影响，许多研究人员受到启发，开始探索 AI 在视觉艺术领域的潜力，为后续研究和应用奠定了基础。

很快，AI 从图像中识别事物的能力得到了很大提升，研究人员继续探索使用神经网络来生成图片的能力，但收效甚微，AI 在创造上仍然困难重重。

2014 年的一天，伊恩·古德费罗（Ian Goodfellow）和一群博士生在喝酒庆祝时，有人向他提到了一个在实验中遇到的问题：他们向算法提供了数千张人脸照片，然后要求算法利用从这些照片中学到的东西生成一张新面孔（生成建模），这个算法偶尔会奏效，但结果不是很好，也不可靠。

伊恩听后，突然想到一个绝妙的主意：既然使用一个神经网络效果不佳，那么让两个神经网络相互对抗会怎样？即为两个算法提供相同的人脸照片基础集，然后要求一个算法生成新面孔，另一个算法则对结果进行判别（生成与判别建模）。

①扫码查看

伊恩很快完成了技术上的原型，证明了这个想法的确是可行的。这种技术如今被称为生成对抗网络（Generative Adversarial Networks，GAN）[①]，被认为是过去20年人工智能历史上最大的进步。AI领域杰出人物、百度前首席科学家吴恩达曾如此评价：GAN代表着"一项重大而根本性的进步"。

GAN的核心理念在于让两个神经网络展开激烈竞争，这两个网络分别是生成器（Generator）和判别器（Discriminator）。生成器致力于制作尽可能逼真的图像，为此，工程师们在特定的数据集（例如人脸图片）上训练算法，直到它能够可靠地识别人脸，再根据算法对人脸的理解，让生成器创造一个全新的人脸图像。而判别器则专注于识别真实图像与生成图像的差异，这个算法同样经过充分训练，可以区分人类拍摄的图像和机器生成的图像。

在训练过程中，生成器与判别器互相较量，以提升各自的性能。简单来说，生成器的目标是使产生的图像能够欺骗判别器，让判别器将生成的伪图认作真实图像；而判别器的目标则是不断提高自己的辨别能力，避免被骗过。两个模型相互对抗，共同进步，最终实现了高质量的图片生成。

GAN取得了前所未有的突破，经过良好训练的GAN能生成非常高质量的新图像，这些图像对于人类观察者来说极具真实感，几乎无法区分是真实图像还是AI生成的图像。正是因为如此，这个算法一度成为AI绘画的主流研究方向。

使用GAN生成的作品中最有名的应该是《埃德蒙德·德·贝拉米肖像》（Portrait de Edmond de Belamy，如图2-6所示），2018年该作品以432 500美元的价格被售出。

图2-6 《埃德蒙德·德·贝拉米肖像》（Portrait de Edmond de Belamy），由GAN生成

为了创作这幅作品，艺术家们使用了15 000幅14世纪至20世纪的肖像画对算法进行了训练，然后再让算法生成新的肖像。

这幅肖像酷似弗朗西斯·培根，引发了关于其美学和概念意义的争论，其高昂的售价也使其成为人工智能艺术史上的一个里程碑。

GAN获得了巨大的成功与关注，但也存在一些问题。例如它的生成器和判别器有时会不稳定，输出大量相似的作品；同时，GAN需要大量数据和计算能力来训练和运行，这使得它成本较高，难以推广；除此之外，由于GAN的判别器的工作原理主要是判断生成图片与输入图片是否属于同一类别，因此，从理论上来说，GAN 输出的图像只是对输入图片的模仿，没有创新。

2015 年，人工智能在图像识别方向上再一次取得重大进展。算法可以识别并标记图像中的对象，例如标识出图片中的人物性别、年龄、表情等。一些研究者想到，这个过程是否可以反过来呢？即通过文字来生成图像是否可以实现呢？

很快，他们迈出了第一步，算法的确可以根据输入的文字生成不同的图像。虽然在最初的实验中，这些生成的图像分辨率都极低（只有 32×32 像素），几乎完全看不清细节，但这已是一个让人激动的开始。

2016 年，一个名为扩散模型（Diffusion Models）的新方法被提出，它的灵感来自非平衡统计物理学，通过研究随机扩散过程来生成图像。如果可以建立一个学习模型来学习由于噪声引起的信息系统衰减，那么也可以逆转这个过程，从噪声中恢复信息。

简单来说，扩散模型的原理为：首先向图片添加噪声（正向扩散），让算法在此过程中学习图像的各种特征，然后，通过消除噪声（反向扩散）来训练算法恢复原始图片。这种方法与 GAN 的思路截然不同，它很快便在图像生成方面取得了优于 GAN 的效果，同时，在视频和音频生成等领域也展现出不俗的潜力。

图 2-7 所示为扩散模型从噪声生成图片的过程[①]。

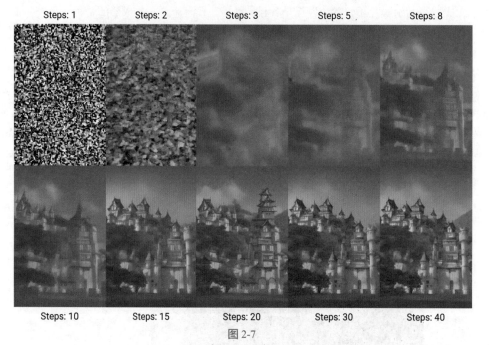

图 2-7

①扫码查看

使用扩散模型，可以有条件或无条件地生成图像。

无条件生成是指算法从一张噪声图像开始，完全随机地将它转换为另一张图像，生成过程不受控制。有条件生成则是指通过文本、类标签等为算法提供额外的信息，引导或控制图像的生成。通过这些额外信息，可以通过模型来生成用户期望的图像。

目前，扩散模型是最主流的 AI 图片生成方法，很多著名的平台或工具都基于它。

2.4
现代 AI 绘画（21 世纪 20 年代）

21 世纪 10 年代 AI 绘画领域取得了很多突破性的进展，但由于成本高昂、输出不稳定等，影响范围主要还是在学术界。直到 21 世纪 20 年代，随着一些关键技术的发明和改进，AI 绘画迎来了"一日千里"的飞速发展，并且终于"破圈"，开始进入大众的视野。一件有点巧合的事是，现在最流行的几个 AI 绘画工具或平台都是 2020 年之后诞生的。

2.4.1 DALL·E 2

2020 年，OpenAI 推出了具有突破性的深度学习算法 CLIP（Contrastive Language-Image Pretraining，对比语言—图像预训练）。这一算法在人工智能领域产生了深远影响，对人工智能艺术的发展也带来了重大变革。CLIP 将自然语言处理和计算机视觉相结合，能够有效地理解和分析文本与图像之间的关系，例如把"猫"这个词和猫的图像联系起来，这就为构建基于文本提示进行艺术创作的 AI 提供了可能。

2021 年，OpenAI 推出了名为 DALL·E 的产品，它能根据任意文字描述生成高质量图像。在此之前，虽然已经存在许多神经网络算法能够生成逼真的高质量图像，但这些算法通常需要复杂精确的设置或者输入，相较之下，DALL·E 通过纯文本描述即可生成图像，这一突破性的改进极大降低了 AI 绘画的门槛，并迅速成为流行的标准。

2022 年 4 月，OpenAI 又发布了 DALL·E 2，这个功能更为强大的版本，生成的很多图片已经基本无法与人类的作品区分。

图 2-8 所示是 DALL·E 2 官网上的一个示例。

图 2-8　An astronaut riding a horse in photorealistic style

一位宇航员骑着马，照片般的真实感风格

从图中可以看出，虽然细节上或多或少还有一些问题，但已经实现了从文本到图像的飞跃。

不仅如此，DALL·E 2 还能扩展已有的图像。如图 2-9 和图 2-10 所示，分别为名画《戴珍珠耳环的少女》以及 DALL·E 2 扩展之后的效果。

图 2-9　戴珍珠耳环的少女

图 2-10　DALL·E 2 扩展后的效果

除此之外，DALL·E 2 还能编辑已有的图片，给它添加或删除元素，或者对输入图片做一些改动并保持风格。

2.4.2　Imagen

2022 年 4 月，就在 DALL·E 2 发布之后不久，谷歌发布了基于扩散的图像生成算法 Imagen，也是一个通过文字生成图像的工具。

图 2-11 ～图 2-14 是 Imagen 官网上展示的一些示例。

图 2-11　A photo of a raccoon wearing an astronaut helmet, looking out of the window at night

戴着宇航员头盔的浣熊在晚上望向窗外的照片

图 2-12　A blue jay standing on a large basket of rainbow macarons

一只蓝鸟站在一大篮子彩虹马卡龙上

图 2-13　A transparent sculpture of a duck made out of glass

一个由玻璃制成的透明的鸭子雕塑

图 2-14　Sprouts in the shape of text 'Imagen' coming out of a fairytale book

从童话书里长出的新芽，显示为文字"Imagen"的形状

目前，谷歌的 Imagen 尚不向公众开放，只能通过邀请访问。

2.4.3　Stable Diffusion

2022 年 7 月，一家创始于英国的名为 StabilityAI 的公司开始内测他们所开发的 AI 绘画产品 Stable Diffusion，这是一个基于扩散模型的 AI 绘画产品。人们很快发现，它生成的图片质量可以媲美 DALL·E 2，更关键的是，内测不到 1 个月，Stable Diffusion 就正式宣布开源，这意味着如果有计算资源，就可以让 Stable Diffusion 在自己的系统上运行，还可以根据自己的需求修改代码或者训练模型，打造专属的 AI 绘画工具。

开源这一决策让 Stable Diffusion 获得了大量关注和好评，更多的人加入了它的社区，协作开发出了多个开源模型，针对各种不同的艺术风格数据集进行了精细调整。

Stable Diffusion 并不是第一个采用扩散模型的产品，在它之前，有一个名为 Disco Diffusion 的产品曾引起过业界的关注，它也是第一个基于 CLIP + Diffusion 的实用化 AI 绘画产品。然而，Disco Diffusion 存在一些较为严重的缺陷，其中最主要的两个问题是作品细节不够精细以及渲染图片所需时间过长（以小时计），不过这两个问题在 Stable Diffusion 中都基本得到了解决。

图 2-15 所示是 Stable Diffusion 生成的一些图像。

图 2-15

可以看到，它能处理各种不同的风格，一些图片几乎与人类拍摄的照片一样真实。

2.4.4 Midjourney

Midjourney 是由同名公司开发的另一种基于扩散模型的图像生成平台，于 2022 年 7 月进入公测阶段，面向大众开放。

与大部分同类服务不同，Midjourney 选择在 Discord 平台上运行，用户无须学习各种烦琐的操作步骤，也无须自行部署，只要在 Discord 中用聊天的方式与 Midjourney 的机器人交互就能生成图片。这一平台上手门槛极低，但其生成的图片效果却不输于 DALL·E 和 Stable Diffusion，于是很快赢得了大量用户。据 Midjourney 的创始人大卫·霍尔兹（David Holz）介绍，仅在发布一个月之后，Midjourney 就已经盈利。

和 Stable Diffusion 不同，Midjourney 是一个完全闭源的项目。自发布以来，Midjourney 公司一直在改进算法，每隔几个月就会发布新的模型版本，截至本书编写完成，已经推出了第 5 版模型。

2022 年 9 月 5 日，在美国科罗拉多州博览会的年度美术比赛中，一张名为《太空歌剧院》的画作获得了第一名，然而这幅画并非出自人类画家之手，而是由游戏设计师杰森·艾伦（Jason Allen）使用 Midjourney 生成，再经 Photoshop 润色而来。它是首批获得此类奖项的人工智能生成图像之一，如图 2-16 所示。

图 2-16　Midjourney 生成的作品：太空歌剧院

　　此事经过新闻报道之后，引起了很大的反响。一些人类艺术家为此感到愤怒，还有人认为使用 AI 作画并参加比赛是在作弊，就如同让机器人去参加体育竞赛一样。不过作者艾伦回应："我不会为此道歉。我赢了，我没有违反任何规则。"两个类别的评委之前并不知道艾伦使用 Midjourney 来生成图像，但后来他们都说如果他们知道这一点，他们同样会授予艾伦最高奖项。

2.5 本章小结

　　计算机发明后不久，研究者和艺术家们便开始探索使用计算机绘图的可能性。然而，在早期阶段，受限于理论和技术，计算机绘画主要依赖于简单的算法和规则，尽管取得了一定成果，但在创作复杂且充满创意的艺术作品方面仍有所局限。

　　21 世纪 10 年代，AI 绘画迎来了重要的发展。这一时期，随着人工智能领域的飞速发展、硬件性能的提升、深度学习和神经网络技术的应用，这为 AI 绘画带来了革命性的突破，改变了人们对计算机绘画的认识，卷积神经网络（CNN）和生成对抗网络（GAN）的出现使计算机能够学习和理解不同的艺术风格，从而进行更为复杂和细腻的创作。

　　进入 21 世纪 20 年代，AI 绘画研究和应用变得更加广泛，涌现出如 Stable Diffusion、Midjourney 等优秀的 AI 绘画工具和平台，这些工具和平台不仅能绘制出令人惊艳的作品，而且大大降低了相关技术的使用门槛，使普通大众也能参与，并借助 AI 进行艺术创作。

　　如今，时代正处于 AI 绘画发展的飞速时期。尽管 AI 绘画仍存在不足和争议，但其影响力已不可忽视，它正逐渐成为艺术创作的重要工具。可以预见，随着技术的进步，AI 绘画将不断拓展艺术创作的边界，为人类带来无限的创意可能。

第 3 章
Midjourney 介绍

3.1
Midjourney 简介

Midjourney 是一个由同名研究实验室开发的人工智能程序，自 2022 年 7 月 12 日起开始公开测试。

通过运用最新的 AI 技术，Midjourney 能根据用户输入的自然语言描述自动生成图片，这意味着用户无须具备任何艺术天赋或绘画技巧，只需简单地输入一段文字描述，它便能创作出令人惊叹的图像。

举个例子，如果输入"一只蓝色的独角兽在星空下"，Midjourney 可能会生成一张蓝色的独角兽站在山顶，周围环绕着五颜六色的星星和银河的图片。如果输入"蒸汽朋克风格的机器人"，它则可能创作出一幅金属质感的老式机器人画面，配以飞行物和烟囱等元素。

Midjourney 完全运行在云端，没有专用客户端，用户需要通过 Discord 平台与 Midjourney 机器人进行交互。因此，运行 Midjourney 对设备硬件没有很高的要求，无论是计算机还是手机，只要可以访问 Discord 就能使用 Midjourney。

作为最早一批面向公众的 AI 绘画平台，Midjourney 自推出以来就广受欢迎，目前已是最知名的 AI 绘画平台之一，在业内影响力巨大。它的模型迭代速度很快，平均几个月就会推出一个新版，目前最新的版本是 v 5.1 版。

通常来说，Midjourney 的模型版本越新，成图效果越好，但这并非绝对。例如与第四版相比，虽然第五版整体效果更佳，但在某些类型的图上第四版的效果可能更出色。

3.2
注册 Midjourney

3.2.1　注册账号

要使用 Midjourney，需要访问它的官网[①]注册一个账号。

Midjoruney 的官网首页如图 3-1 所示，首页上的主体内容是一个由很多字母组成的动态水波状的图案，非常酷。

①扫码查看

Midjourney 目前还保持着 Beta 版的标记，要注册 Midjourney 账号，单击图 3-1 中首页右下角的"Join the Beta"按钮即可。如果已经有账号，可直接单击"Sign In"按钮登入。

单击"Join the Beta"按钮之后，会打开 Discord 的页面或者 APP。Midjourney 并没有开发自己专属的客户端，而是将自己的主要功能完全放在了 Discord 平台上。因此，要使用 Midjourney，还需要注册一个 Discord 账号。

图 3-1　Midjoruney 的官网首页

Discord 是由美国 Discord 公司开发的一款专为社群设计的免费网络实时通话软件与数字发行平台，如图 3-2 所示。如果之前没有用过，可以将它理解为一个能实时聊天的论坛，或者带主题分组功能的 QQ 群[①]。

图 3-2

①扫码查看

为自己取一个昵称，单击"继续"按钮，最后输入 Email 和密码，即可注册成功。

3.2.2　Discord 使用介绍

按上述流程注册并登录 Discord 之后，应该已经可以进入 Midjourney 的服务器，如图 3-3 所示。

如果没有自动加入 Midjourney 服务器，可访问 Midjourney 的官网，再次单击"Join the Beta"按钮重新加入。

Discord 的使用中有两个基本的概念：服务器、频道。服务器可以理解为一个大群，频道则是这个大群中以主题划分的讨论组，这也是 Discord 与 QQ 群或微信群不同的地方，不同的话题可以在不同的频道下面讨论，防止各种主题混在一起导致混乱。

加入 Midjourney 服务器后，可以去它的"NEWCOMER ROOMS"分组下的 newbies-xxx 频道（例如图 3-3 中的"newbies-36"频道，你看到的可能是其他编号）看一看，这里是专供新手熟悉 Midjourney 的地方，可以在其中看到很多其他人的发言以及绘画记录。用户也可以在这里了解 Midjourney 的绘图效果，或者尝试输入自己的绘图命令进行创作。

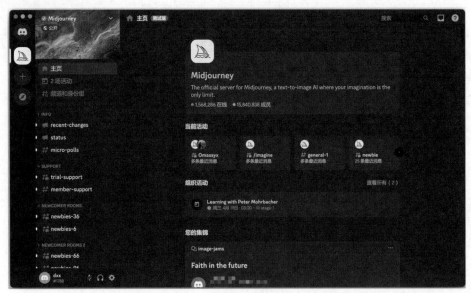

图 3-3

3.3
Midjourney 的基本使用

3.3.1 基本概念

进入 Discord 的 Midjourney 服务器，可以看到它和其他聊天软件的界面很类似。可以在底部的聊天输入框中输入任意内容，并按 Enter 键发送，向频道或者聊天对象发送消息。

更重要的是，可以在聊天输入框中发送命令，Midjourney 机器人收到命令后会执行对应的操作。输入斜杠"/"，即可看到命令提示面板，如图 3-4 所示。

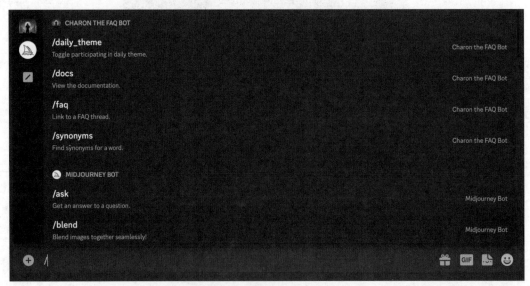

图 3-4

可以在面板中单击选择要调用的命令，也可以继续在聊天对话框中手动输入完整的命令并按 Enter 键。例如输入"/info"命令并按 Enter 键，将看到如图 3-5 所示的输出。

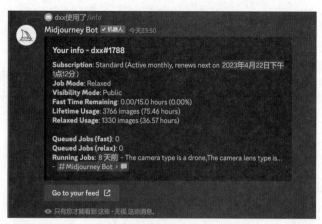

图 3-5

"/info"命令用于查看账号的信息，包括订阅信息、已经画了多少张画等。Midjourney 绘画并没有传统的图形操作界面，用户与 Midjourney 之间的交互基本都需要通过这些命令来进行，不过不用担心，Midjourney 上手很简单，常用的命令并不多，只需掌握最基础的几个命令就可以开始精彩纷呈的 AI 绘画之旅。

3.3.2　在私聊中发送命令

可以在 Discord 的 Midjourney 服务器上的公共频道中发送命令，Midjourney 机器人会响应发送的命令。不过由于公共频道中通常有很多用户，发送的命令可能会很快被其他人的消息淹没，虽然机器人回应时会有提示，但有时仍需要在很多聊天记录中上下翻找，较为麻烦，因此，一般建议在正式绘画时和 Midjourney 机器人私聊。

私聊通常有两种方式，一种是频道的聊天记录中找到 Midjourney 机器人（名字叫"Midjourney Bot"），单击它的头像，直接给它发私信。只要发过一次私信，Midjourney 机器人就会出现在私信列表中，如图 3-6 所示。

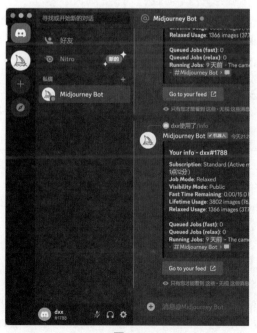

图 3-6

可以在私聊中向它发送命令，这样消息就不会被其他人刷屏了。

第二种方式是自己创建一个服务器，将 Midjourney 机器人添加到这个服务器里，然后在这个服务器中向它发送命令。这种方式的好处是还可以添加其他人到服务器中，互相可以看到彼此的绘画结果，并随时交流。不过目前 Midjourney 没有团队版本，服务器中的各用户并不共享绘图额度，即每个想绘图的用户都需要单独付费。

需要注意的是，以上两种方式只是和 Midjourney 机器人可以单独聊天，但默认情况下所生成的图片仍然会在 Midjourney 网站上公开，任何人都可以看到。当然，同样也可以在 Midjourney 网站上看到其他人的作品。要想真正隐藏生成的图片，需要升级为专业版，具体见后面付费和订阅部分的介绍。

3.3.3　绘图命令

在 Midjourney 的使用中，绘图命令"/imagine"无疑是最基本也是最重要的命令。

在聊天框中输入"/imagine"并按 Enter 键，会提示输入生成图片的提示词（prompt），如图 3-7 所示。

图 3-7

在对话框中输入想生成的图片的描述，按 Enter 键，Midjourney 就会根据输入的文本生成图片。需要注意的是，Midjourney 目前还只能理解英文，因此输入的提示词（prompt）也需要使用英文。

关于如何生成图片的具体实例详见下一节。

3.3.4　付费和订阅

使用 Midjourney 绘画，需要消耗绘画时间，剩余绘画时间可通过"/info"命令查看，如果没有绘画时间了，绘画命令将失败，想继续绘画需要付费。

在 Discord 向 Midjourney 机器人发送"/subscribe"命令，可以查看付费方法，Midjourney 机器人会回复一个链接，单击此链接即可跳转到服务的订阅页面。

除免费试用版，目前 Midjourney 共有三种套餐，分别为基础版（Basic Plan）、标准版（Standard Plan）、专业版（Pro Plan）。各套餐绘图的算法和功能是一样的，区别主要在于可以使用的 GPU 时间等权益上，具体如表 3-1 所示的对比。

表 3-1

	基 础 版	标 准 版	专 业 版
月费	10 美元	30 美元	60 美元
快速 GPU 时间	3.3 小时 / 月	15 小时 / 月	30 小时 / 月
空闲 GPU 时间	不支持	无限	无限
并行任务数[①]	3	3	12
隐私模式	不支持	不支持	支持

使用 Midjourney 绘画需要消耗 GPU 时间，具体时间取决于绘画的内容、参数、采用的模型等，大体上来说绘制一幅画需要几十秒的时间，这个时间也会随着 Midjourney 算法的改进以及硬件的升级而变化。

默认情况下，绘图会优先使用快速 GPU 时间，可以发送"/settings"命令调整。快速 GPU 时间用完之后，标准版和专业版用户还可以继续使用空闲 GPU 时间继续绘画，出图效果与使用快速 GPU 时间一样，只是耗时可能会长一些，尤其当 GPU 空闲资源不足时，可能需要等上几分钟，甚至更久。

前面提到，只有专业版用户可以选择隐藏生成的图片，对于免费试用版、基础版和标准版用户来说，在 Midjourney 平台生成的图片都是公开的，任何人都可以查看。这一规则对于用户间的互相学习和交流具有很

---

① 当还有快速 GPU 时间剩余时，可以同时运行的绘图任务数。

大的促进作用。在 Midjourney 官网社区上，用户可以浏览众多其他用户生成的优秀作品，借鉴或者学习他们所使用的提示语（prompt），从而提升自己的创作技巧。

3.3.5　图片权益

大家都很关心的问题是：使用 Midjourney 生成的图片属于谁？是否可以用于商业目的？

Midjourney 官网上有对这个问题的详细说明。简单来说，免费用户生成的图片不属于自己，使用时要注明来源（来自 Midjourney），且不可商用；付费用户（包括基础版、标准版、专业版用户）生成的图片属于自己，可用作任何用途，包括商用。

如果用户代表的是一家年总收入超过 100 万美元的公司，那么需要购买专业版，否则生成的图片将不可商用。

3.4
绘图命令

接下来介绍最基本也是最核心的绘图命令。

3.4.1　提示词

在 Discord 聊天窗口，可以向 Midjourney 机器人发送"/imagine"命令进行绘图，如图 3-8 所示。

图 3-8

可以在 prompt 后面输入提示词，即想画什么的文字描述，按 Enter 键即可将绘图命令发送给 Midjourney 机器人。

需要注意的是，目前 Midjourney 的提示词还只支持英文，如果输入其他语言，它不会报错，但绘画的结果将难以预料。

图 3-9 所示是一个具体的例子，输入提示词"vibrant california poppies"（充满活力的加利福尼亚虞美人花）。

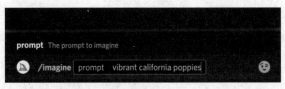

图 3-9

按 Enter 键，过一会儿，Midjourney 将返回类似图 3-10 所示的四张图片。

需要说明的是，Midjourney 每次生成的图片都有一些随机变化，即使在两次绘画中使用了相同的提示词，生成的图片也会不同[①]。

提示词可以非常简洁，甚至一个单词或表情符号就足以生成图片。当提示词非常简短时，Midjourney 将按照默认风格美学自动填充。为了让生成的图片具有更多个性化的风格特征，可能需要输入更详细的提示词来描述所期望的内容。

---

① 也可以使用 --seed 参数来让两次绘画的输出相同，详见下一章相关说明。

写提示词的一个小诀窍是，最好描述想要什么而不是不想要什么。

另外，提示词也不是越长越好，Midjourney 机器人并不能像人类一样理解语法、句子结构或单词的含义。在很多情况下，准确且具体的提示词会带来更好的效果，过于冗长的提示词往往会导致主题偏离。应该尽量避免过长的定语从句，使用简洁明了的单词，突出核心概念，以增强每个单词的影响力。

图 3-10

在没有明确方向时，模糊表述可能带来意外收获，缺失的描述将会被随机生成，创作者可以从中获取灵感，然后进一步优化提示词。这个过程就像一位工匠不断修改、调整、打磨自己的作品，使它逐渐趋近完美。

3.4.2　放大和微调图像

图片下方还有一些按钮，如图 3-11 所示。

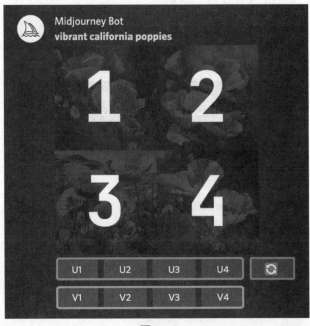

图 3-11

这些按钮按功能可以分为三组，分别为 U1 ～ U4 按钮，V1 ～ V4 按钮，以及一个刷新按钮。这三组按钮的含义如下。

- U1 ～ U4 按钮：放大指定编号的小图。
- V1 ～ V4 按钮：以指定编号的图为基础，做一些变化，生成四张新图。
- 刷新按钮：根据当前提示词重新生成四张新图。

其中四个小图按从上到下，从左到右的顺序，分别编号为 1、2、3、4。

如果对某张图比较满意，可以单击 U1 ～ U4 中对应的按钮将它生成大图。如果觉得某张图已经比较接近想要的效果，但还想再微调一下看看，那么可以单击 V1 ～ V4 中对应的按钮，以这张图为基础再生成四张图，需要注意的是，新图的变化是随机的，有可能变得更好，也有可能比旧图效果更差。

除了直接描述所需的图片内容，"/imagine"命令还支持更多的参数，图 3-12 所示是它的详细参数说明。

图 3-12

可以看到，提示词（prompt）的内容从左到右，可以由三个部分组成，分别为提示图片、提示文本、参数。其中提示图片和参数都是可选的。

最前面的参数提示图片是一个或多个图片 URL 地址，可根据需要选择是否传递。如果传递了提示图片，Midjourney 会根据这些图片以及后面的提示词进行绘画，例如将两张图片融合，或者根据图片中的内容创作新的图片等。当然，图片 URL 必须是 Midjourney 的服务器能访问的地址，否则命令会失败。

3.5
本章小结

本章介绍了 Midjourney 的基础知识，包括账号注册以及基本使用方法。Midjourney 没有专用的客户端，用户需在 Discord 平台与 Midjourney 机器人进行交互。

使用 Midjourney 绘画非常简单，只需像聊天一样在 Discord 中输入绘画命令以及提示词，Midjourney 机器人便会在后台绘制图片并返回。

对于每次绘图命令，Midjourney 会返回四张候选图片，可以单击 U1 ～ U4 按钮将最满意的那张放大，或者单击 V1 ～ V4 按钮对指定图片再进行微调。

通过本章的学习，读者应该对 Midjourney 的使用有了基本的了解，欢迎继续阅读后续章节了解更多细节以及技巧。

第 4 章
Midjourney 的常用设置以及参数

第 3 章介绍了如何注册和使用 Midjourney。现在，读者应该已经对如何在 Midjourney 上进行绘画有了初步的了解，具备了进行基本创作的能力。

Midjourney 上手很简单，使用默认设置，就能生成美观的图片。然而作为一款专业工具，它也提供了很多可自定义的设置和参数，以帮助创作者创作出更符合期望的作品。本章将进一步探讨各常用设置以及参数。

本章涉及较多细节，如果读者想尽快开始创作，可以快速浏览一遍本章，对常用设置以及参数有一个大致的印象，等后续创作过程中遇到问题再随时回来查阅。

4.1 设置

Midjourney 将一些全局的常用设置集中在了设置面板中，要打开这个面板，只需在 Discord 的对话框中输入 "/"，选择 "/settings" 命令并按 Enter 键，如图 4-1 所示。

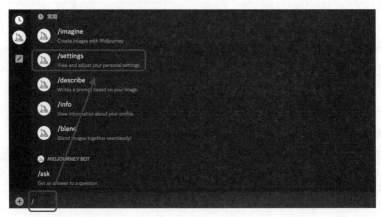

图 4-1

设置面板如图 4-2 所示，随着 Midjourney 的迭代更新，面板中的选项可能发生变化，因此所看到的设置面板可能和图中并不完全相同，不过整体内容应该相近。

Midjourney 的设置项看起来较多，但不要担心，接下来将逐一拆解各主要设置选项。

图 4-2

4.2
模型版本

Midjourney 自发布以来，每隔一段时间就会推出新的模型版本，现在最新的版本已经是 v 5.1 版。不过，在推出新版本后，Midjourney 并没有将老版本下线，用户可以在绘图时通过"--v"参数指定模型版本，也可以在设置界面手动指定默认使用的版本，如图 4-3 所示。

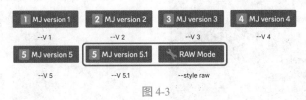

图 4-3

以当前标准来看，模型版本 v 1、v 2 和 v 3 生成的图片相对简单，基本上无法满足创作者实际应用的需求，不过 Midjourney 的发展速度很快，v 4 版本的画面构图和质感已经基本达到实用水平，如今最新的 v 5.1 版本画面更加精致，细节处理更为完善，很多时候已经能生成接近完美的视觉效果。此外，最新版本在理解提示词方面的能力也更强，生成的图片通常更贴近用户描述的理想画面。

由于 v 1、v 2 和 v 3 版本较为陈旧且现在已很少使用，本书不再对这些版本进行详细介绍。

4.2.1　版本 v 4

v 4 是 2022年 11 月至 2023 年 5 月期间 Midjourney 的默认模型版本。这一模型拥有全新的代码库和独特的 AI 架构，由 Midjourney 设计并在其最新的 AI 超级集群上进行训练。相较于之前的版本，v 4 模型在理解生物、地点和物体方面有显著的改进。

要使用此模型，请将"--v 4"参数添加到提示词的末尾，或使用"/settings"命令并选择"MJ version 4"，如图 4-4 和图 4-5 所示。

图 4-4　提示词 : vibrant California poppies --v 4

图 4-5　提示词 : high contrast surreal collage --v 4

4.2.2　版本 v 5

v 5 模型在摄影方向做了增强，它生成的图像与提示词的匹配度也更高，但可能需要更长的提示词或者更精确的描述，才能实现期望的效果。

要使用此模型，请将" --v 5"参数添加到提示词的末尾，或使用"/settings"命令并选择"MJ version 5"，如图 4-6 和图 4-7 所示。

图 4-6 提示词：vibrant California poppies --v 5

图 4-7 提示词：high contrast surreal collage --v 5

4.2.3 版本 v 5.1

v 5.1是截至编写本书时最新的模型版本，于 2023年 5 月 4 日发布。此模型具有更强的默认美感以及高连贯性，对自然语言提示的理解更准确，减少了不必要的联想画面和边框，提高了图像清晰度，并支持 RAW Mode 等新功能。

要使用此模型，需要在提示词末尾添加"--v 5.1"，或使用"/settings"命令并选择"MJ version 5.1"，如图 4-8 和图 4-9 所示。

图 4-8 提示词：vibrant California poppies --v 5.1

图 4-9 提示词：high contrast surreal collage --v 5.1

4.2.4 版本 v 5.1 + RAW Mode

Midjourney 在 v 5.1 模型版本中新增了一个 RAW Mode（原始模式），可在设置中打开 v 5.1 版本后启用 RAW 模型，或在提示词后添加后缀参数"--style raw"，它的作用是减少 Midjourney 默认的艺术风格。对比图如图 4-10 ～图 4-13 所示。

图 4-10 提示词：vibrant California poppies
默认 v5.1 风格

图 4-11 提示词：vibrant California poppies
添加参数：--style raw

图 4-12 提示词：high contrast surreal collage
默认 v5.1 风格

图 4-13 提示词：high contrast surreal collage
添加参数：--style raw

简单来说，RAW 模式能够降低 AI 的发散思维程度，使 Midjourney 在创作过程中更少地自作主张，从而使生成的图片内容更接近提示词所表达的意义。这种模式通常会让作品的风格更加原始和简约。

4.2.5 Niji Model 5

Niji 模型由 Midjourney 和 Spellbrush 合作开发，经过特定的调整，擅长生成具有二次元动漫风格和美学特点的作品，它在动态 / 动作镜头以及以人物为中心的构图方面表现出色。最新版本模型为 Niji 5。

要使用此模型，请将"--niji 5"参数添加到提示词的末尾，或使用"/settings"命令并选择"Niji version 5"。该模型对"--stylize"参数比较敏感，可以调整这个参数的值来生成不同风格的图像。

4.2.6 Niji 样式参数

Niji v 5 模型版本可以使用"--style"参数指定图片样式，以获得更独特的画面。可以使用"--style cute"（更可爱的）、"--style scenic"（更有表现力的场景）或以"--style expressive"（插画和动漫感更强烈）参数来实现不同的样式效果，如图 4-14 ～图 4-17 所示。

图 4-14 birds perching on a twig --niji 5

图 4-15 birds perching on a twig --niji 5 --style cute

图 4-16 birds perching on a twig --niji 5 --style scenic

图 4-17 birds perching on a twig --niji 5 --style expressive

4.2.7 Midjourney v 5.1 与 Niji v 5 的对比

下面的例子演示了默认的 Midjourney v 5.1 和 Niji v 5 的对比。可以看到，在使用相同提示词的情况下，Niji 生成的图片更像动漫，而 Midjourney 生成的则更像照片，如图 4-18 ～图 4-21 所示。

上文对各种模型版本以及 Niji 模型进行了介绍，这些主要的模型各具特点，通常并无绝对的优劣之分，可以根据实际绘画需求选择适合的模型。

图 4-18 vibrant California poppies --v 5.1

图 4-19 vibrant California poppies --niji 5

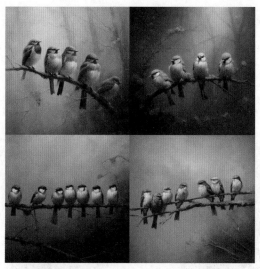

图 4-20　birds sitting on a twig --v 5.1

图 4-21　birds sitting on a twig --niji 5

4.3
其他设置和重置

在设置界面最下方，有几项可能不那么常用的设置，如图 4-22 所示。

图 4-22

4.3.1　Public mode（公开模式）

Public mode 模式表明生成的图片是否会公开显示，如果开启了此项，那么生成的图片会在 Midjourney 官网社区中公开，所有访问者都可以看见，也可以查看并学习其他用户公开的作品。

需要注意的是，此项开启时，即使是 Midjourney 机器人私聊生成的图片，也会在 Midjourney 官网社区公开显示。

目前，免费用户、基础版用户、标准版用户只能选择公开模式，只有专业版用户可以关闭此项，如果用户希望自己生成的图片不要被其他人看见，可以升级为专业版。

4.3.2　Fast mode（快速模式）

Fast mode 模式表明当前是否在使用快速 GPU 时间，如果开启了此项，那么生成图片时将使用快速 GPU 时间，否则使用空闲 GPU 时间。

顾名思义，快速模式下，生成图片会快一些，等待时间通常很少，Midjourney 的计算资源会优先保证快速模式下的图片生成任务。空闲 GPU 时间也可以出图，只是速度没有保证，如果当前服务器闲置资源较多，可能出图速度也会很快，但如果闲置资源较少，可能要等待较长时间才能得到结果。

目前免费用户、基础版用户不能使用空闲 GPU 时间，当账户中的计算配额用完就不能再生成图了。标准版用户和专业版用户则可以使用空闲 GPU 时间，即使当月计算配额用完仍然能使用空闲 GPU 时间出图。

标准版用户和专业版用户，在用完当月快速模式的时间后，会自动切换为空闲 GPU 时间。

4.3.3　Remix mode（混合模式）

未开启混合模式时，输入提示词并生成图片后，单击图片下的变化按钮（V1、V2、V3、V4）时，对应的变化按钮会变成蓝色，同时直接生成四张新的微调后的图片。

如果开启了混合模式，单击图片下方的变化按钮（V1、V2、V3、V4）时，对应的按钮会变成绿色，同时会弹出一个对话框，可以编辑提示词和参数，然后提交，生成四张新的图片，新图同时受老图以及编辑后的提示词影响，如图 4-23～图 4-25 所示。

图 4-23　提示词：line-art stack of pumpkins

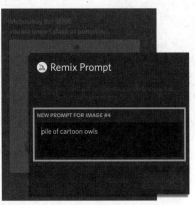

图 4-24　输入新的混合提示词：pile of cartoon owls

图 4-25　受原图以及新提示词影响生成的新图

4.3.4　Reset Settings（重置设置）

Reset Settings 功能就是字面意思，单击这个按钮，可让 Midjourney 恢复初始的默认设置。

4.4 常用参数

在生成图片时，除了提示词，还有很多可选参数。通过这些参数，可以指定图像的宽高比、指定模型版本、更改图片风格等。

如图 4-26 所示，参数一般添加到提示词的末尾，多个参数之间使用空格分隔。一些系统可能会自动将两个连续的连字符（--）替换为破折号（—），不用担心，Midjourney 两种符号都可识别。

图 4-26

图 4-27 所示是一个具体的添加参数的例子。前面已经介绍过指定模型版本的参数，如 "--v 4" "--v 5"，接下来将继续介绍其他常用参数。

图 4-27

4.4.1　Aspect Ratios（纵横比）

纵横比是如 1:2、2:3 这样的表达式，前后两个数字分别代表图片的宽和高的比例。如果不指定，则默认为 1:1，即生成正方形的图像。

Midjourney 各模型版本所支持的横纵比范围有所不同，v 4 版本的横纵比范围为 1:2 ~ 2:1，而 Niji 5 模型及 Midjourney 5 及之后的版本取消了对横纵比的限制，值可以是任意整数。横纵比会影响生成图像的形状和内容结构。在使用图片放大功能（Upscale）时，部分横纵比可能会稍有变动。

参数格式：aspect < 宽 : 高 >（或简写为：ar < 宽 : 高 >）

用法示例：vibrant california poppies **--ar 5:4**

图 4-28

常见纵横比（如图 4-28 所示）。

- 1:1 默认纵横比，方形。
- 5:4 常见的框架和打印比例。
- 3:2 常见于印刷摄影。
- 7:4 常见于高清电视屏幕或智能手机屏幕。

4.4.2　Chaos（混乱度）

Chaos 参数决定生成图片的变化程度。数值越高，生成图片的风格和构图差异就越大，可能产生意想不到的组合结果；数值越低，风格和构图上的差别就越小，生成的图片之间具有更多相似性。

参数格式：--chaos < 值 >（或简写为 --c < 值 >）

数值范围为 0 ~ 100（默认值为 0）。

用法示例：watermelon owl hybrid **--c 50**

下面来看几个具体的例子。

1. 低 chaos 值

提示词（省略 --chaos 参数，默认为 0）：watermelon owl hybird（如图 4-29 所示）

图 4-29

2. 高 chaos 值

提示词：watermelon owl hybrid **--c 50**（如图 4-30 所示）

图 4-30

3. 非常高的 chaos 值

提示词：watermelon owl hybrid **--c 100**（如图 4-31 所示）

图 4-31

可以看到，chaos 值越高，生成的图片的变化越丰富。当尚未确定设计方案，需要寻找灵感时，可以指定较高的 chaos 值，以产生更多变化，若方案已基本确定，需要生成图片了，则可将 chaos 值设定得较低或省略（使用默认值 0），以便让生成图片的风格相近。

4.4.3 No（排除）

有时候，用户可能会希望生成的图片中不要出现指定的元素，这时就可以用"--no"参数。

参数格式：--no < 某物 >

"--o"参数的使用方法很简单，直接在后面跟随不想要的元素即可，例如想生成一张类似图 4-32 所示的蛋糕，但不希望有生日蜡烛，就可以尝试在提示词末尾添加"--no candles"，效果如图 4-33 所示。

图 4-32 没有 --no 参数　　　　　　图 4-33 添加参数：--no candles

以上两张生日蛋糕的图片是由相同的提示词生成的，提示词都是"A birthday cake，clean background"，不同之处是一张图没有添加"--no"参数，另一张则添加了"--no candles"参数。

4.4.4　Quality（生成图片质量）

在提示词后加上"--quality"或"--q"参数，可以更改生成图像的质量，更高质量的图像相应的也会包含更多的细节，同时需要更长的时间来处理，即会使用更多的 GPU 时长。当然，质量设置不影响图片的分辨率。

参数格式：--quality <0.25, 0.5, 1>（或简写为 --q <0.25, 0.5, 1>）

各个值的含义如表 4-1 所示。

表 4-1

参 数 值	含 义
0.25	出图速度最快，画面细节较少，速度提高 4 倍，GPU 分钟数为默认值的 ¼
0.5	出图画面会有不太详细的结果，速度提高 2 倍，GPU 分钟数为默认值的 ½
1	默认值，图片细节最为丰富

这个参数适用于 Midjourney 模型和 Niji 模型，其中参数的默认值为 1，如果省略参数，或者传入的参数大于 1，都将使用默认值。

接下来看一个具体的例子，图 4-34 所示分别使用了 0.25、0.5 以及 1 为"--quality"参数的值。

--quality 0.25　　　　　--quality 0.5　　　　　--quality 1

图 4-34

可以看到，"--quality"的值越高，图片的细节越丰富。

"--quality"参数仅影响初始生成的四张图像，单击 U1 ～ U4 按钮放大或者单击 V1 ～ V4 按钮微调图片时参数效果不会叠加。

需要说明的是，"--quality"数值并非越高越好。具体使用哪个值取决于想要画面的风格效果，例如在绘制抽象的图形时，较低的"--quality"值可能效果更佳。

4.4.5　Seed（种子值）

生成图片时可以注意到，在输入提示词后，生成的图像最初非常模糊，随后逐步变得清晰，这是因为 Midjourney 机器人利用种子值创建视觉噪声场（类似于电视无信号时的雪花点画面）作为生成初始图像网格的起始点，然后再逐步生成图像。

Seed 是 Midjourney 图像生成的初始点，默认情况下每次绘画的种子值是随机生成的，如果指定 Seed 参数的值，那么在相同的种子值和提示词下会产生相似或者几乎相同的画面，利用这点就可以生成连贯一致的人物形象或者场景。

参数格式：--seed< 数值 >

数值范围：0 ～ 4294967295[①] 的整数

在模型版本 v 1、v 2、v 3 中使用相同 "--seed" 值将生成具有相似构图、颜色和细节的图像。在模型版本 v 4、v 5、v 5.1 和 Niji 中使用相同 "--seed" 值将产生几乎相同的图像。

来看一组例子。

使用同一提示词 "celadon owl pitcher" 以及随机种子运行 3 次，结果如图 4-35 所示。

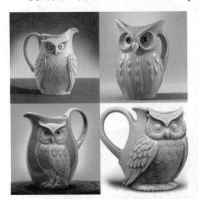

图 4-35

而当加上 "--seed 123" 参数运行两次作业，结果是一样的，如图 4-36 和图 4-37 所示。

图 4-36　celadon owl pitcher --seed 123　　　　图 4-37　celadon owl pitcher --seed 123
第一次生成　　　　　　　　　　　　　　　　　第二次生成

当生成了一组优秀的图片，想要记录下 Seed 值以便分享或将来再次生成时，是否有办法知道具体的 Seed 值呢？只需按照以下步骤操作，便可获取指定图像生成过程中的 Seed 值。

首先，生成连续的四张图像之后，单击图像右上角的笑脸符号（如图 4-38 所示），在弹出的窗口内搜索 "envelope"，并单击第一个信封图标（如图 4-39 所示）。

---

① 即：0 ～ $2^{32}-1$

图 4-38

图 4-39

接下来，Midjourney 机器人会向你发送一条私信。打开私信，即可看到本次生成所使用的 Seed 值，如图 4-40 所示。

图 4-40

复制 Seed 值（一串数字）作为下次指令中的"--seed"参数，即可获得相同的图像结果。

4.4.6　Stop（停止渲染）

Stop 参数可以让图像在渲染过程中止在某一步，直接出图。如果不做任何 stop 参数设置，得到的图像是完成整个渲染过程的，比较清晰的。渲染过程的生成步数为 100，以此类推，生成的步数越少，停止渲染的时间就越早，生成的图像也就越模糊。

参数格式：--stop＜数值＞

其中数值的范围为 1～100，例如使用提示词"splatter art painting of acorns --stop 90"，图片将在 90% 进度时停止渲染。

图 4-41～图 4-50 所示是具体的效果示例。

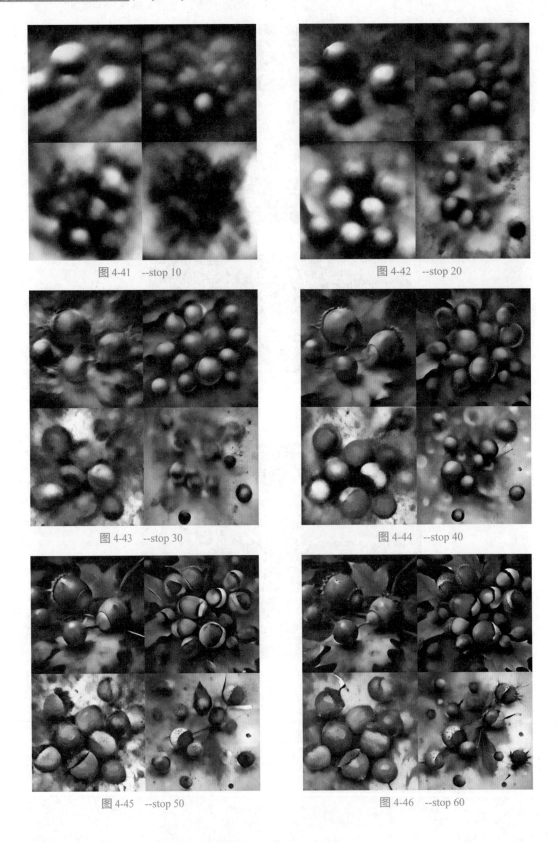

图 4-41　　--stop 10

图 4-42　　--stop 20

图 4-43　　--stop 30

图 4-44　　--stop 40

图 4-45　　--stop 50

图 4-46　　--stop 60

图 4-47　--stop 70　　　　　　　　　　图 4-48　--stop 80

图 4-49　--stop 90　　　　　　　　　　图 4-50　--stop 100

可以看到，渲染过程中图片从模糊逐渐清晰，可以使用"--stop"参数，让渲染停止在指定的百分比。

使用 Stop 参数停止渲染的图也可以进行放大（单击 U1 ～ U4 按钮），且 Stop 参数的效果不会影响放大过程。不过，中途停止会产生更柔和、更缺乏细节的初始图像，这将影响最终放大结果中的细节水平。图 4-51 ～图 4-54 所示是不同 Stop 参数的图像及其放大后的效果示例。

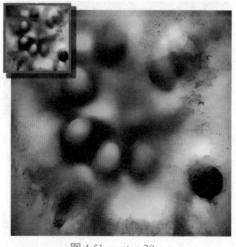

图 4-51　--stop 20

图 4-52　--stop 80

图 4-53 --stop 90   图 4-54 --stop 100

4.4.7 Stylize（风格化）

Stylize 的值表示生成图片的创造力、艺术色彩表现力、构图以及风格，数值越大，赋予 AI 的发挥空间越广泛。

参数格式：--stylize< 数值 >（或简写为 --s< 数值 >）

数值范围：1 ～ 1000

默认数值：100

不同的 Midjourney 模型版本支持的风格化范围不同，在 v 4、v 5、v 5.1 以及 Niji 5 中默认值为 100，数值范围为 0 ～ 1000。

Stylize 有两种使用方式，可以在提示词末尾添加"--stylize"参数，也可以输入"/settings"命令并从菜单中选择自己相应的风格化值，如图 4-55 所示。

图 4-55

下面来看一下示例。

1. V 4 模型版本

图 4-56 ～图 4-59 所示的提示词主体部分都是"illustrated figs"，只是"--stylize"参数的值不同。

图 4-56 --stylize 50   图 4-57 --stylize 100（默认值）

图 4-58　--stylize 250　　　　　　　　　图 4-59　--stylize 750

2. V 5 模型版本

图 4-60 ～图 4-65 所示的提示词主体部分都是"colorful risograph of a fig"，只是"--stylize"参数的值不同。

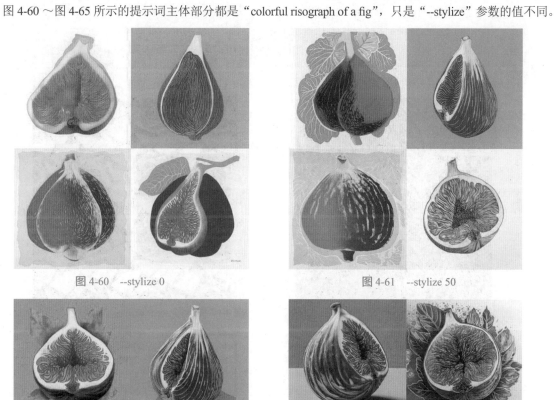

图 4-60　--stylize 0　　　　　　　　　图 4-61　--stylize 50

图 4-62　--stylize 100（默认值）　　　　　图 4-63　--stylize 250

图 4-64　--stylize 750　　　　　　　　　图 4-65　--stylizc 1000

4.4.8　Tile（平铺）

在壁纸、布料印花、包装图案、花砖图案等设计场景中，经常需要设计可用于平铺的图案，这类图案的边缘部分需要特殊处理，以便在拼接时实现平滑过渡。虽然可以通过手绘或软件处理来创建这类图案，但在Midjourney 中生成平铺图案非常简便，只需在提示词末尾直接添加"--tile"参数即可。

"--tile"参数可以在 v 1、v 2、v 3、v 5 和 v 5.1 版本中使用，但在 v 4 版本和 Niji 模式下无效。

图 4-66 ～图 4-69 所示演示了"--tile"参数的效果。

图 4-66 提示词 :Colored Animal Stripes --v 5.1 --tile

图 4-67 提示词 :torn cardboard roses --v 5.1 --tile

图 4-68 提示词 :scribble of moss on rocks --v 5.0 --tile

图 4-69　提示词：watercolor koi --v 5 --tile

4.5
高级参数及命令

4.5.1　提示图片（垫图）

提示图片也叫垫图，可以在提示词最前面传入一张或多张图片的链接地址，这些传入的图片即为提示图片，它们将影响生成图片的构图、风格和颜色等特征。具体用法如图4-70所示。

图 4-70

如果传入了两张以上的提示图片，那么可以省略提示文本以及参数，其效果相当于融合（Blend），见后续小节的介绍。

1. 上传本地图片

如果提示图片已经在网络上了，可以直接传入图片的链接（URL）。请确保这个链接能被 Midjourney 的服务器访问。如果图片还在本地设备中，可以在 Discord 对话框中上传图片以获得链接地址。

要上传本地图片，只需单击对话框位置旁边的"+"图标，单击"上传文件"按钮，选择要上传的图片，然后按 Enter 键发送消息即可，如图4-71所示。

图 4-71

消息发送成功之后，可以在 Discord 对话框中看到刚上传的图片。要获取图片链接，请在图片上右击，在弹出的快捷菜单中选择"复制链接"选项，如图4-72所示。另外，也可以直接输入"/imagine"命令，并用鼠标将已上传的图片文件拖入提示框，这样也能在提示框中添加图片的链接。

图 4-72

注意：即使是在与 Midjourney 机器人的私聊中上传的图片，只要知道链接地址，任何人都可以访问，因此建议不要上传隐私或敏感图片。

2. 示例

来看一个具体的例子，图 4-73 所示包含五张不同的图片，我们来尝试将不同的图片做一些组合。

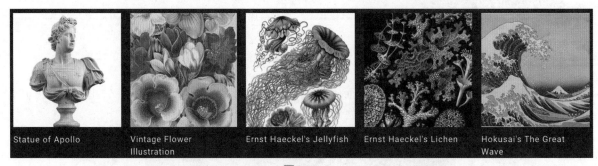

图 4-73

V 4 版本演示效果如图 4-74 所示。

图 4-74

V 5 版本演示效果，如图 4-75 所示。

使用提示图片时，需要注意宽高比，提示图片与最终生成图片的宽高比相同时效果最佳，否则可能会出现边框。

图 4-75

3. 图片权重参数

使用提示图片时，可以用参数"--iw"来调整提示图片的权重。未指定"--iw"参数时，默认值为1。较高的 --iw 值意味着提示图片将对生成的新图片产生较大的影响。不同的 Midjourney 模型版本具有不同的图片权重范围。

参数格式：iw < 数值 >

数值范围：0-2（v 5 和 Niji5 版，v 4 版不可用）[①]

提示词示例：flowers.jpg birthday cake --iw 0.5

如图 4-76 和图 4-77 所示。

图 4-76

----

① 数值如果是小数，且整数部分是 0 的话，可以把 0 省略。比如"0.5"可以简写为".5"。

--iw 1.25	--iw 1.5	--iw 1.75	--iw 2

图 4-77

在第 6 章中，还有更多提示图片（垫图）的实例。

4.5.2 融合（Blend）

融合命令（/blend）可将多张图片融合为一张新图，功能与"/imagine"命令中使用多张提示图的效果相同，但无须添加提示文本或参数。它的界面经过优化，操作直观简便，无论在移动设备还是桌面设备上都能方便地使用。

"/blend"命令最多可处理 5 张图像，如果想融合更多图片，请在"/imagine"命令中使用提示图片。

看一个例子，将一张陶瓷花瓶的图片和一张牡丹的图片融合，如图 4-78 ～图 4-80 所示。

图 4-78

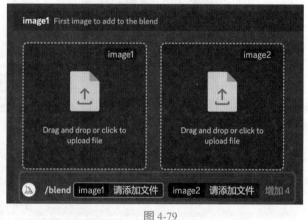

图 4-79

图 4-80

按 Enter 键确认融合后，将生成四张新图，如图 4-81 所示。从生成的图片中可以看到，其中三张图片中牡丹花成为陶瓷花瓶的图案，而另一张则将牡丹花作为图片背景。

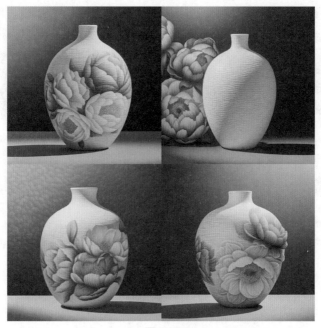

图 4-81

4.5.3 多重提示词（Multi Prompts）

Midjourney 的提示词中可以使用 ::（双冒号）作为分隔符，将关键词分隔为两个或多个不同的概念。同时，还可以用分隔符调整提示词各个部分的重要程度。在一些情况下，这个功能非常有用。

1. 基本用法

多重提示词适用于模型版本 v1、v2、v3、v4、v5、v5.1、niji 4 和 niji 5，其他参数仍然添加到提示词的最后。

来看一个例子，如果生成图像时使用了提示词"hot dog"，Midjourney 会将它看作一个整体，并生成美味的热狗图像，如图 4-82 所示。

但如果使用双冒号将提示词分成两部分，例如"hot:: dog"，那么"hot"和"dog"两个概念将被分开处理，生成很热的狗的图片，如图 4-83 所示。

图 4-82 "hot dog"被整体当作一个词语

图 4-83 "hot"和"dog"被识别为两个独立的词语

再看一个"cup cake illustration"（纸杯蛋糕插画）的例子，如图 4-84 ～图 4-86 所示。

图 4-84　cup cake illustration
纸杯蛋糕插画被当成整体的词，
生成了纸杯蛋糕的插画图片

图 4-85　cup:: cake illustration
纸杯与蛋糕插画被分开，生成了
杯子里的蛋糕插画图片

图 4-86　cup:: cake:: illustration
杯子、蛋糕和插画被分开，用花朵、
蝴蝶等常见的插画元素，生成了一个
杯子里的蛋糕

2. 权重

使用双冒号"::"将提示词分成不同的部分时，还可以在双冒号后添加一个数字，调整对应关键词的权重。

例如刚才的示例中，用提示词"hot:: dog"生成了一只火热的狗。如果把它改为"hot::2 dog"，那么 hot 这个词的重要性将是 dog 的 2 倍，会生成非常热的狗的图，如图 4-87 所示。

在 v 1、v 2、v 3 版模型中，权重值只接受整数参数，v 4 版模型开始可以接受小数形式的权重值。如果"::"后没有添加数字，则使用 1 作为默认值。

图 4-87

提示词中的权重是一个相对比较的概念，例如"hot:: dog"和"hot::100 dog::100"是等价的，更多参数如表 4-2 所示。

表 4-2

参　　数	等价表示
hot:: dog	hot::1 dog、hot:: dog::1、hot::2 dog::2、hot::100 dog::100
cup::2 cake	cup::4 cake::2、cup::100 cake::50
cup:: cake:: illustration	cup::1 cake::1 illustration::1、cup::1 cake:: illustration::cup::2 cake::2 illustration::2

3. 负数权重

权重数值可以为负数，用于移除不需要的元素，但所有权重的总和必须是正数。

看一个例子，使用"vibrant tulip fields"提示词生成了郁金香花田的图片，如图4-88所示，然后，又使用"red::-.5"参数移除了图片中的红色，如图4-89所示。

提示词：vibrant tulip fields

提示词：vibrant tulip fields:: red::-.5

图4-88　　　　　　　　　　　　　　　　　　图4-89

负数权重也是相对比较的，即表达方式"tulips:: red::-.5"与"tulips::2 red::-1""tulips::200 red::-100"都是等价的。

4. 排除参数（--no）

前面讲到的排除参数（--no），相当于把多重提示词中的权重部分设置为"-0.5"，所以"vibrant tulip fields:: red::-.5"与"vibrant tulip fields --no red"是等价的。

4.5.4　排列提示词

排列提示词是一种快捷语法，可以使用这种语法在提示词中添加多个关键词或者参数。当执行"/imagine"命令时，这些关键词或参数会依次排列，相当于在一个命令中输入多组不同的提示词，当然，也会生成多组对应的图片。

排列提示词仅适用于使用快速模式的Pro订阅会员，一次最多可以创建40个绘图任务。

1. 基础用法

排列提示词的语法为在大括号内添加多个关键词选项，使用英文逗号分隔，即"{ 选项1, 选项2, 选项3……}"。

例如，提示词"a {red, green, yellow} bird"，相当于以下三个提示词：

a red bird

a green bird

a yellow bird

提交含排列提示词的命令后，Midjourney机器人会将排列提示词选项展开，分别与提示词其余部分组合，生成具体的提示词并执行。注意，每一种组合都会作为一个单独的任务处理，并分别消耗GPU时长。

如果排列提示词将创建超过3个生成任务，开始之前会有一条确认消息，如图4-90所示。

图4-90

2. 示例

下面是一个使用提示词文本变量的例子。

提示词：a naturalist illustration of a {pineapple，blueberry，rambutan，banana} bird

这个提示词将创建四组图片，如图 4-91 所示。

图 4-91

图 4-91（续）

3. 参数变量

除了文本变量之外，参数也可以作为变量，来看一个例子。

提示词：a naturalist illustration of a fruit salad bird --ar {3:2，1:1，2:3，1:2}

这个提示词将创建四组具有不同宽高比的图片，如图 4-92 所示。

图 4-92

4. 模型版本变量

下面是一个将模型版本当作变量的例子。

提示词：a naturalist illustration of a fruit salad bird --{v 5，niji，test}

这个提示词将使用不同的模型版本创建三组图片，如图4-93 所示。

图 4-93

5. 组合嵌套

也可以组合甚至嵌套多组排列提示词。

例如提示词：a {red，green} bird in the {jungle，desert}，这条提示词将会创建并处理 4 个绘图任务，分别为：

a red bird in the jungle

a red bird in the desert

a green bird in the jungle

a green bird in the desert

又例如：A {sculpture, painting} of a {seagull {on a pier, on a beach}，poodle {on a sofa，in a truck}}，这条包含嵌套内容的提示词将会创建 8 个绘图任务，分别为：

A sculpture of a seagull on a pier

A sculpture of a seagull on a beach

A sculpture of a poodle on a sofa

A sculpture of a poodle in a truck

A painting of a seagull on a pier

A painting of a seagull on a beach

A painting of a poodle on a sofa

A painting of a poodle in a truck

6. 转义字符

如果想在大括号内包含一个逗号，但不想让它被当作分隔符，那么可以在它前面放置一个反斜杠"\"进行转义。

下面是具体的例子。

提示词 1：{red，pastel，yellow} bird

这条提示词将创建 3 个生成任务，分别为：

a red bird

a pastel bird

a yellow bird

提示词 2：{red，pastel \，yellow} bird

这条提示词将创建 2 个生成任务，分别为：

a red bird

a pastel，yellow bird

4.5.5　重复（--repeat）

使用重复命令"--repeat"可以让一条命令多次生成，这个参数只能在快速 GPU 模式下使用。

这个命令的格式：--repeat < 重复次数 >（也可以简写为：--r < 重复次数 >）

目前重复次数的数值范围和订阅的版本有关，标准版用户重复次数的范围为 2 ～ 10 的整数，专业版用户则支持 2 ～ 40 的整数。

示例：A white ceramic vase --r 5

另外，在执行之前，这个命令也会先弹出提示，要用户手动确认后才会真正执行，防止因误操作而消耗 GPU 时间，如图 4-94 所示。

图 4-94

4.6
本章小结

本章介绍了 Midjourney 的基本设置功能、常用模型以及常用参数。通过使用"/settings"命令，可以打开 Midjourney 的设置界面，并调整各项常用设置。在生成图片时，还可以在提示词后添加参数，以便定制本次绘画的行为。

Midjourney 的模型版本迭代非常迅速，目前已经推出了 v 5.1 版，除了默认模型，还有擅长绘制动漫风格的 Niji 模型，用户可以根据需求选择合适的模型。

Midjourney 的默认设置就能满足大部分绘图需求，不过随着使用的深入，可能也会有一些需求需要通过调整参数来实现，例如指定生成图像的纵横比、风格等。善用参数将帮助创作者更好地绘制出理想的图像。

第5章
Midjourney 创作实例

在前面的章节里，已经介绍了 Midjourney 的基本功能，接下来，将以实例的形式，深入探索 Midjourney 这一优秀的 AI 绘画平台。

根据风格和用途，本章将例子分为插画、平面设计、游戏、摄影等不同的类别，并将各种技巧和关键词穿插其中，通过实例演示，介绍 Midjourney 的各种用法以及特性。

接下来，让我们一起进入 Midjourney 的实战，体验 AI 绘画的无限魅力。

5.1 插画

插画是当今商业和日常生活中应用最广泛的绘画形式之一，它以生动、有趣的手法为各类媒体注入视觉元素，如书籍、杂志、广告、动画和产品包装等。插画作品风格多样，从简约的线条画到精细的全彩作品，既可具象也可抽象，无论用于传递信息、叙述故事，还是给观众带来美的体验，插画都能展现出极高的表现力和创意。

Midjourney 在绘制插画方面表现卓越，很多时候，仅需一段简洁的描述就能创作出极具吸引力的作品。虽然与优秀的人类插画师相比，Midjourney 尚有差距，但在很多场景下，它生成的作品已可直接使用或仅需少量修改就可使用。

插画的风格有许多细分领域，下面介绍一些常见的插画风格实例。

5.1.1 扁平风格插画

扁平风格插画是一种简约、清晰且易于理解的插画风格，以简洁的线条、鲜明的色彩、有限的阴影、渐变和强调排版为特点，广泛应用于平面设计、广告、出版、移动应用和网站设计等领域，强调易读性和易用性。

接下来将从这种风格开始，探讨 Midjourney 在绘画方面的能力。

1. 城市天际线

以上海的城市天际线为主题，创作一幅扁平风格插画。

之前在章节中已经介绍过，可以使用"/imagine"命令在 Midjourney 中绘制图片，其中提示词（prompt）大致可以简化为这样的公式：

$$提示词 = 主体元素 + 形容词 + 风格词 + 参数$$

绘制图片之前，需要先构思画面的要素，例如主体元素是什么？采用什么样的色调？以及使用什么样的画风等。例如对扁平风格的插画来说，风格的关键词主要是 flat style 或 flat illustration。

本次绘画中，要素如下。

● 主体元素：Shanghai urban architecture（翻译：上海城市建筑）。

● 形容词：simple and simple modeling, bright colors, gradient colors, light colors, bright tones（翻译：造型简洁，色彩鲜艳，渐变色，浅色，色调明亮）。

- 风格词：flat style（翻译：平面风格）。
- 参数：--ar 3:2（翻译：宽高比例 3:2）。
- 版本模型：--v 5。

完整的提示词：

Shanghai urban architecture, simple and simple modeling, bright colors, gradient colors, light colors, bright tones，flat style --ar 3:2

01 在 Midjourney 的"/imagine"命令中输入以上提示词（prompt），按 Enter 键，便会得到如图 5-1 所示的四张图片。

图 5-1

注意：Midjourney 每次生成图片时都会有一些随机变化，得到的图片和图 5-1 所示的图片应该不一样，但整体风格应该接近。

上面的四张图，按从上到下，从左到右的顺序分别编号为 1、2、3、4，其中第 1、3、4 张图片符合绘制期望。

02 如果认为第 1 张图最好，可以单击 Discord 消息后面的"U1"按钮，将这张图片放大。放大后的效果如图 5-2 所示。

图 5-2

03 也可以单击"V1"按钮，基于这张图片再生成四张新图，新图将与原图相似，但会有一些细节变化，如图 5-3 所示。

图 5-3

04 单击🔄按钮，可以用相同的关键词生成一组新的图片，如图 5-4 所示。

图 5-4

05 重复上面的步骤，可以不断生成新图或对现有图片进行微调，直到得到满意的图片。如果始终未达到理想效果，也可以尝试修改提示词重新生成图片。

06 最后，当得到满意的效果时，单击 U1 ~ U4 按钮放大指定的图片，一幅作品就完成了。

2. 科技风格

再看几个融合了科技风格的扁平风格插画案例。

科技风格插画通常是具有高度现代化和专业感的插图，用于代表科技品牌或科技相关的产品和服务。这些插图通常具有简单、流畅和基于矢量的美学，用途各有不同，例如网站、应用程序、营销材料、展示文档等。

下面是一个具体的例子，注意提示词中加粗的文字，这些内容指定了生成图像的风格。

提示词：**flat illustration**, a man at desk surrounded by succulents, simple minimal, by slack and dropbox, style of behance --v 5.1

生成的图片如图 5-5 和图 5-6 所示。

图 5-5　　　　　　　　　　　　　　　　　　　图 5-6

另一个例子，提示词：user being inspired by the possibilities of an app, **flat illustration for a tech company**, by slack and dropbox, style of behance --v 5.1

生成的图片如图 5-7 和图 5-8 所示。

图 5-7　　　　　　　　　　　　　　　　　　　图 5-8

3. 网页设计

Midjourney 甚至还可以设计网页，包括网页的外观、布局、颜色搭配、图像、文字和交互元素等内容的设计。下面是一个具体的例子。

提示词：**web design for** holiday travel discount information, **minimal vector flat** --ar 2:3 --v 5.1

生成的图片如图 5-9 和图 5-10 所示。

图 5-9   图 5-10

不过，Midjourney目前还不能直接生成真正的网页，以上的设计结果只是图片，如要在实际中使用，还需要设计师重绘或提取其中的设计元素，方便工程师生成对应的网页。目前在网页设计上，Midjourney主要用于灵感探索、概念设计等场景。

5.1.2 水彩风格插画

水彩风格的特点是色彩柔和、流畅、透明，呈现出一种轻盈、自然、充满艺术气息的效果，可以用于绘画、插图、设计和动画等领域。现在，使用特殊的笔刷和纹理模拟水彩效果已经成为数字艺术的一种常见方法。

水彩风格的关键词：watercolor。

下面是一个例子。

提示词：**Watercolor** roses with long handle, bright colors, clipart, white background, isolated elements --ar 2:3 --v 5.1

生成的图片如图 5-11 和图 5-12 所示。

图 5-11   图 5-12

另一个例子。

提示词：**Watercolor** landscape, house, mountain, lake, trees, flowers, morning lights --ar 2:3 --v 5.1

生成的图片如图 5-13 和图 5-14 所示。

图 5-13   图 5-14

日本知名动画制作公司吉卜力工作室（Studio Ghibli）的作品有很大一部分使用了水彩风格，且具有非常鲜明的特色，这种风格被称为吉卜力风格，亦称宫崎骏风格。这种风格以鲜艳的色彩、精致的细节、温馨的画面以及梦幻般的氛围为特点，通常运用渐变色与柔和的笔触，营造出柔美且富有魔力的氛围。

在 Midjourney 中可以使用关键词 Studio Ghibli 在绘画中使用这种风格。

提示词：**Light watercolor**, outside of a jazzy coffeeshop, bright, white background, few details, dreamy, **Studio Ghibli** --v 5

生成的图片如图 5-15 和图 5-16 所示。

图 5-15   图 5-16

5.1.3 国潮风格插画

国潮风格是一种融合了中国传统文化元素与现代潮流审美的设计风格。它在设计和艺术领域中的表现对中国传统文化的重新演绎和创新有一定影响，将传统与现代相结合，展现出独特的国潮魅力。

1. 国潮风海报

来看一个国潮风海报的例子。

关键词：Chinese China-Chic style。

提示词：Make posters of James Jean, white deer, auspicious clouds, birds, distant mountains, **Chinese China-Chic style**, colorful, light color, gradient color --ar 2:3 --v 5.1

生成的图片如图 5-17 和图 5-18 所示。

图 5-17

图 5-18

2. 国潮风生肖头像

下面是一个国潮风生肖头像的例子。

提示词：**Chinese China-Chic** illustration, vector painting, China-Chic Chinese tiger（替换 rabbit）head, in the middle, looking at the audience, symmetrical, very detailed, reasonable design, advanced color matching, gradient color, cute, Chinese color, oriental elements, clear lines, fluffy, details, high-definition, white background --style raw

生成的图片如图 5-19 和图 5-20 所示。

图 5-19

图 5-20

3. 国潮风建筑

James Jean 是一位在美国长大的美籍中国台湾艺术家，他以细节精致、幻想形象以及传统与现代技术相融合的作品风格闻名，创作灵感来源于神话、文学和个人经历。在 Midjourney 中，可以模仿他的风格，绘制出具有国潮风格的建筑。

提示词：Make a poster **by James Jean**, summer, Chinese Architecture, clouds, pond, Pastel colors, 4k --style raw

生成的图片如图 5-21 和图 5-22 所示。

图 5-21   图 5-22

注意上面提示词中的"by James Jean"，在 Midjourney 中，可以使用类似"by 艺术家名字"或"艺术家名字 style"这样的关键词来指定本次绘画要模仿的艺术家风格。

所谓艺术家风格，是指艺术家在创作中所表现出来的独特特征，如对特定主题、材料、技巧或形式的偏好，或是对色彩、构图、质感、线条等方面的独特处理方式。艺术家的风格是经过长期实践和磨炼逐渐形成的，通常是独特的、具有辨识度的。例如，梵高的风格以强烈的笔触和鲜艳的色彩为特征，毕加索的风格则以立体主义和超现实主义为代表。

得益于 Midjourney 庞大的数据库，一般来说不论古今中外，只要是较为知名的艺术家的风格它都可以模仿。后续例子中，还会多次使用这个技巧来定制绘画风格。

5.1.4 中国山水画

中国山水画以"景"为主，同时又包含了"意"的表现。Midjourney 能捕捉到国画风格的精髓，包括整体空间感的宽广、远近虚实的表现、山峦的苍劲以及云雾的朦胧等。

下面来看一个例子。

提示词：**Chinese ink painting**, A stunning landscape painting of a vast mountain range in a misty morning, in the style of watercolor by **Zhang Daqian**, The dominant color is a mix of blue and green, with soft and delicate brushstrokes that capture the tranquility of the scene, the misty atmosphere adds depth to the painting, and the use of negative space creates a sense of vastness, The lighting is natural, with soft sunlight piercing through the mist --ar 2:1 --v 5

生成的图片如图 5-23 和图 5-24 所示。

图 5-23

图 5-24

上面例子的中国山水画提示词中，"Chinese ink painting"表示水墨画的风格，同时，还使用了关键词"by Zhang Daqian"为图片指定了名家张大千的艺术家风格。

再来看一个例子。

春天的杭州西湖，一株桃花一株柳，烟雨朦胧的江南春景最是动人。根据这样的风景描述，生成一幅水墨淡彩的画面，使用画家吴冠中的风格。

提示词：Spring in West Lake, Hangzhou, with peach blossoms and willow trees in vibrant colors, amidst the misty rain of the southern Yangtze region, in the style of traditional Chinese ink painting, **by Wu Guanzhong** --ar 2:3 --v 5

生成的图片如图 5-25 和图 5-26 所示。

图 5-25

图 5-26

春天的家乡，山坡的油菜花、村头的桃花、田边的杏花、映着白墙黑瓦的村落，都是最让人想念的风景。接下来继续以吴冠中的风格来绘制这样的画面。

提示词：The rural scenery of Anhui China, there are Huizhou buildings with white walls and white tiles in the distance, there are large yellow rapeseed flowers and blooming peach trees in front of the remote mountains, they are colorful and bright, **Wu Guanzhong style** --v 5

生成的图片如图 5-27 和图 5-28 所示。

图 5-27

图 5-28

5.1.5 油画

莫奈的油画作品充满了色彩和光线的变化，通过大胆的笔触和颜色的叠加，表现出自然界的美丽变化。他注重对自然环境的观察和记录，并力求将其真实地呈现在画布上，这也是他作为印象派代表艺术家的重要特点之一。

下面以莫奈的风格绘制一幅风景画。

提示词：Spring garden, bright sun, **the style of Monet** --v 5.1

生成的图片如图 5-29 和图 5-30 所示。

图 5-29

图 5-30

Childe Hassam（查尔德•哈桑）是一位著名的美国印象派画家，作品以鲜艳的色彩搭配和对光线的精湛运用而闻名。

下面模仿他的风格生成两幅画作。

提示词：**Childe Hassam Abstract painting of** mint greensoft, sunny and gentle --v 5.1

生成的图片如图 5-31 和图 5-32 所示。

图 5-31

图 5-32

5.1.6　儿童插画

儿童插画通常具有色彩明快、线条简练、表情活泼、姿态生动、幽默元素丰富、氛围温馨、富有描述性和教育性等特点，常用于创作满足孩子们的认知和兴趣的作品。

下面是一个例子，注意加粗的关键词。

提示词：A boy is singing in the garden, little bird, puppy, warm colors, bright and cheerful, **children's illustration style**, el estilo graphic illustration art --style raw

生成的图片如图 5-33 和图 5-34 所示。

图 5-33

图 5-34

5.1.7　黑白线条图案设计

黑白线稿是只有黑白两种颜色的图案或插图，具有简单、精练、易于传达信息等优点，通常用于印刷、插画、漫画、动画等领域。

下面是一个例子，注意其中加粗的关键词。

提示词：**clean coloring book page**, **minimalism**, tiger, forest, line art design, lines, black and white, white background-- style raw

生成的图片如图 5-35 和图 5-36 所示。

图 5-35

图 5-36

5.2 平面设计

5.2.1 Logo 设计

创建一个成功的 Logo，通常需要考虑以下几点：明确品牌核心理念，以准确传递品牌信息；了解目标受众，以满足其需求和兴趣；使用恰当的设计元素、颜色和字体，以增强视觉效果；确保良好的可缩放性，以适应不同大小和场景；保持与品牌形象和价值观的一致性。一个出色的 Logo 能够助力品牌在竞争激烈的市场中脱颖而出。

与 Logo 设计相关的常见关键词包括 modern（现代）、minimalist（极简主义）、vintage（复古）、cartoon（卡通）以及 geometric（几何）等。不过，在熟练运用这些关键词之外，对设计的深入理解和丰富的想象力更为关键。

以下将分享四种常见的 Logo 类型案例：图形 Logo、字母 Logo、几何 Logo 以及吉祥物 Logo。

1. 图形 Logo（Graphic Logo）

图形 Logo 通常具有扁平化、矢量化以及简洁明了的设计风格。

举一个例子，下面以鸟为主要元素，设计一个图形 Logo，注意提示词中加粗的部分。

提示词：**flat vector graphic logo** of bird, simple minimal, white background --v 5.1

生成的图片如图 5-37 ～图 5-40 所示。

图 5-37

图 5-38

图 5-39

图 5-40

2. 字母 Logo（Lettermark Logo）

字母 Logo 通常基于单个字母或字母组合，并对其进行相应的创意变化。不过，目前 Midjourney 在文字处理方面仍存在许多 bug，导致其经常无法完整且准确地生成图像。

下面以字母"S""H"为例分别做两款字母 Logo。

提示词：Letter S logo, lettermark, vector, simple minimal

生成的图片如图 5-41 和图 5-42 所示。

提示词：Letter H logo, vector, simple minimal

生成的图片如图 5-43 和图 5-44 所示。

图 5-41   图 5-42   图 5-43   图 5-44

3. 几何 Logo（Geometric Logo）

几何 Logo 通常采用抽象或简化的几何形状来塑造品牌形象，设计良好的几何 Logo 能传达出丰富的信息，并让人印象深刻。

下面是两个具体的例子。

提示词：Flat geometric vector graphic logo of dot shape, radial repeating, simple minimal --v 5.1

生成的图片如图 5-45 和图 5-46 所示。

提示词：Flat geometric vector graphic logo of diamond shape, white background, simple minimal --v 5.1

生成的图片如图 5-47 和图 5-48 所示。

图 5-45   图 5-46   图 5-47   图 5-48

4. 吉祥物 Logo（Mascot Logo）

吉祥物 Logo 通常采用具有吉祥、可爱、幽默或其他特定特征的动物、人物或物品作为标志形象，这种类型的 Logo 具有趣味性和亲和力，有助于品牌或组织建立更为深入人心的形象。

一些知名的吉祥物 Logo 包括迪士尼公司的标志性形象米老鼠和唐老鸭。此外，世界杯足球赛的吉祥物也颇具知名度，例如 2018 年俄罗斯世界杯的狼 Zabivaka。

下面来看两个例子。

提示词：a mascot vector logo of a fox, simple --v 5.1

生成的图片如图 5-49 和图 5-50 所示。

提示词：simple mascot logo for a dumpling restaurant --v 5.1

生成的图片如图 5-51 和图 5-52 所示。

图 5-49   图 5-50   图 5-51   图 5-52

5.2.2 应用程序图标

手机和计算机应用程序通常都需要一个专用的应用图标，这类图标的特点一般包括简洁、矢量化以及易于辨认。

使用 Midjourney，可以很方便地生成独特的应用程序图标。下面是两个例子。

提示词：squared with round edges mobile app logo design, flat vector app icon of music, Mininalistic, white background --v 5.1

生成的图片如图 5-53 所示。

提示词：squared with round edges mobile app logo design, flat vector app icon of a box，mininalistic, white background --v 5.1

生成的图片如图 5-54 所示。

图 5-53   图 5-54

5.3
游戏

5.3.1 小图标

各直播和游戏等场景中，小图标是一种非常常见的设计元素，例如用于表示虚拟礼物的礼物小图标，再结合一些简单的动画效果，就能实现愉悦的互动体验。

以礼物小图标为例，它通常具有以下特征：颜色柔和、3D 卡通造型、光滑质感以及聚光灯效果。

下面用 Midjourney 生成一个王冠形式的礼物小图标。

提示词：crown, **3d icon, cartoon, clay material, isometric, 3D rendering**, smooth and shiny, cute, girly style, pastel colors, spotlight, clean background, best detail, HD, high resolution --ar 1:1 --niji 5

生成的图片如图 5-55 和图 5-56 所示。

图 5-55   图 5-56

在这个提示词中，只需改变主体物的提示词（第一个单词），其他提示词不变，即可生出相同风格的其他小图标，多个这样的小图标甚至可以组成一个系列。

例如，分别输入 crown、sports car、heart、gift box with wings 关键词，便可以得到图 5-57 所示的图标。可以根据需要，替换其他想要的主体物关键词。

图 5-57

再回头看上面礼物小图标的提示词，其中出现了一些新的关键词，如"isometric"，这个关键词作用很大，很多绘图需求中都会用到。

具体来说，isometric 表示等距视图，是一种将三维物体以等角投影的方式呈现在二维平面上的方法。这种方法可以在平面上呈现出三维物体的立体感和空间关系，同时保持物体的长宽高比例不变，避免了透视变形的问题，在制作富有立体感的图形和游戏时经常会用到。

另外，礼物小图标的提示词中还出现了"best detail""HD""high resolution"等新的关键词，这些关键词的主要作用是确保输出图像具有较高的画质。类似的关键词还有"4k""8k"等，可以分别添加以查看效果。

接下来，再生成一些游戏中常用的道具图标。

提示词：**Isometric**, a shiny treasure chest, gold coins, clay, render, game icon, game asset, blender, oily, shiny, beveled, smooth render, hearthstone style --v 5.1

生成的图片如图 5-58 和图 5-59 所示。

注意，这个例子中提示词 isometric 写在了主体物前面，这样不会影响画面效果。

图 5-58   图 5-59

另一个例子。

提示词: **Isometric**, Different types of magic potions, light background, clay, oily, shiny, game icons, blender, Hearthstone style --v5.1

生成的图片如图 5-60 和图 5-61 所示。

图 5-60

图 5-61

5.3.2　游戏人物形象设计

游戏角色设计在游戏开发中占据举足轻重的地位，设计过程需充分考虑游戏世界的氛围和背景，还要顾及玩家的喜好和需求。优秀的游戏角色应具备独特的外观、性格和能力，以适应游戏玩法和游戏机制。

下面是两个人物形象设计的例子，注意提示词中加粗的部分。

图 5-62 提示词: Hua Mulan, **isometric**, full body, **game character**, Clash Royale, blender 3d, style of artstation and behance, Vector art --v 5.1

图 5-63 提示词: Hua Mulan,sword in hand, **game character draft + three views, front, side, back, isometric**, full body, game character, Clash Royale, blender 3d, style of artstation and behance, Vector art --v 5.1

图 5-62

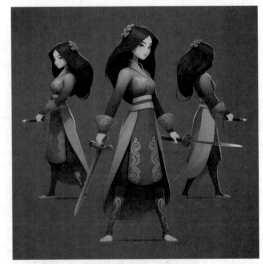

图 5-63

1. 角色概念特写

角色概念设计是游戏设计中对角色的外观、性格和特点进行深入挖掘与呈现的过程，以打造独特且引人入胜的游戏角色。使用 Midjourney，可以快速为角色生成概念特写设计稿，方便后续开发或者参考。

下面是一个角色概念特写的例子。

提示词：mecha pilot female, short hair, **close up character design**, multiple concept designs, concept design sheet, white background, **style of Yoji Shinkawa** --v 5.1

生成的图片如图 5-64 和图 5-65 所示。

图 5-64　　　　　　　　　　　　　　　　　图 5-65

2. 漫画人物三视图的设计

漫画人物三视图是一种展示角色正面、侧面和背面视角的绘画方法，有助于全面了解角色的造型和细节。

下面是一个具体的例子。

提示词：**Character design, draft character, game character draft + three views, Front, side**, back angles of a cool boy wearing, Japanese boy school uniform, smiling, drawing, Illustration style, **in the style of Kyoto Animation** --ar 3:2 --style original

生成的图片如图 5-66 和图 5-67 所示。

图 5-66　　　　　　　　　　　　　　　　　图 5-67

3. 扁平风格的角色设计

一些游戏采用了扁平化的艺术风格，使用 Midjourney，可以很方便地生成这种风格的角色设计。

下面是一个例子。

提示词：**by Alan Fletcher, warrior character**, full body, flat color illustration --ar 2:3 --v 5

生成的图片如图 5-68 和图 5-69 所示。

图 5-68

图 5-69

5.3.3　游戏中的科幻场景

除了图标、人物设计，Midjourney 还可以用来设计场景，下面是一个科幻场景的例子。

提示词：**Isometric**, sci-fi lab --v 5.1

生成的图片如图 5-70 和图 5-71 所示。

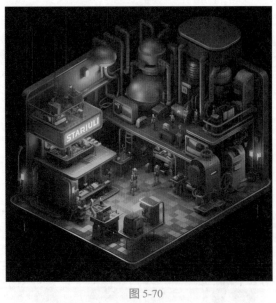
图 5-70

图 5-71

5.3.4　像素艺术的应用

在计算机发展的早期阶段，由于计算性能和显示器分辨率的限制，以像素点作为基本绘图单位的像素风格图像非常流行。尽管现如今计算机技术的发展已经可以绘制比像素风格更加复杂细致的图像，但受其独特的美学魅力吸引，众多爱好者仍将其视为一种专门的艺术形式，这种风格在电子游戏、动画和网站设计等领域仍有着广泛的应用。

传统的像素图按包含的颜色深度,可以分为 8 位、16 位和 32 位等几类,分别可以表示 256 种、65 536 种和 4.3 亿种颜色。其中,8 位图像通常用于简单的图标、插图和游戏等;16 位图像用于图像处理、图形设计、视频和游戏等;32 位图像则用于高精度的图像处理和设计。

下面的例子是使用 16 位像素图的风格绘制的一个塞尔达传说风格的小村庄。

提示词:**16-bit pixel art**, a beautiful and mysterious small village, viewed from a 45-degree angle, bright and vivid colors, Zelda style --v 5

生成的图片如图 5-72 和图 5-73 所示。

图 5-72

图 5-73

下面的例子是使用 8 位像素图的风格绘制的一些怪物小图标。

提示词:**8-bit pixel art**, types of the monsters --v5.1

生成的图片如图 5-74 和图 5-75 所示。

图 5-74

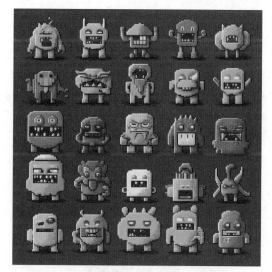

图 5-75

下面的例子则分别使用 8 位和 32 位像素图的风格,绘制梵高的自画像以及向日葵。

图 5-76 提示词:8-bit pixil art, self-portrait of Van Gogh --v 5

图 5-77 提示词:32-bit pixil art, Van Gogh's Sunflowers --v 5

总的来说,8 位、16 位和 32 位像素图像的差异体现在它们所能表示的颜色数量和精度上,这也决定了它们的艺术风格以及适用场景各有不同。

图 5-76

图 5-77

5.4
摄影

除了生成绘画作品，Midjourney 同样能够生成摄影风格的图片，许多生成的图片堪称完美，与专业摄影师的作品相比也毫不逊色。

Midjourney 在摄影领域，诸如商业摄影、人像摄影、风景摄影、新闻摄影和艺术摄影等领域都有着广泛的应用。只需在 Midjourney 的提示词中加入专业的摄影术语，就可以生成相应风格的图片。

这些术语包括但不限于各种类型的相机、电影胶卷、镜头、曝光度、景深与焦点、摄影道具、拍摄角度、图像构图、拍摄类别、光线色彩、氛围感等。通过这些提示词，Midjourney 能够根据需求生成各种主题和类型的摄影风格图片。

5.4.1 肖像

下面是生成一个人物肖像的例子，注意提示词中加粗的部分。

提示词：Beautiful young Chinese woman, laughing, tulle veil, white wedding dress, wind blown hair, wild fields, **backlight, camera flash, contre jour, prime time, dim darkness, head close-up, POV, selfie, low angle, ultra realistic, diagonal photo** --style raw

生成的图片如图 5-78 和图 5-79 所示。

图 5-78

图 5-79

也可以生成动物肖像，例如下面是一幅马的肖像画，注意提示词中加粗的部分。

提示词：**Spellbinding closeup portrait** of horse, minimalist, eternal melancholy, **in the style of avantgarde fashion photography**, dramatic firefly light, black on black, asymmetric composition, conceptual fantasy, intricate details --style raw

生成的图片如图 5-80 和图 5-81 所示。

图 5-80

图 5-81

5.4.2　产品摄影

商业场景中，产品摄影是一个非常大的需求，使用 Midjourney，可以生成漂亮且逼真的产品摄影图片，且可以任意指定背景。

下面是一个示例。

提示词：**Realistic and natural photograph**, a bottle of water, shining drips of water fall down on the side of bottle, product view, natural sunlight, backlight, edge light, summer, blossom background, sakura, white and pink tone, sunlight through the bottle, shining, nature, full detail, **wide -angle view, pentax67 fuji400h** --style raw

生成的图片如图 5-82 和图 5-83 所示。

图 5-82

图 5-83

5.4.3　风景

Midjourney 也可以生成风景图片，下面是一幅秋天的高速公路的例子。

提示词：A highway with deep autumn forests on both sides, and high snow mountains behind it,during the day, there is sunlight, and the sky has the moon, **the sky is a far-reaching photographic work, with high definition** --style raw

生成的图片如图 5-84 和图 5-85 所示。

图 5-84

图 5-85

5.4.4 高速摄影

高速摄影是一种通过使用非常快的快门速度捕捉运动中的瞬间图像的摄影技术。在高速摄影中，摄影师使用特殊的相机和灯光设备来捕捉非常短暂的瞬间，例如飞溅的水滴、爆炸或碰撞的瞬间、快速运动的物体等。

使用 Midjourney，可以很轻松地生成高速摄影风格的图片。下面是两个例子。

图 5-86提示词：Golden retriever dog shakes water from its head, looks happily at camera, water droplets are flying in the air, closeup, highly detailed, **high speed photography**, film --v 5.1

图 5-87提示词：dark red wine falling into a wine glass, close-up, highly detailed, **high speed photography**, cinematic --v 5.1

图 5-86

图 5-87

5.4.5 复古照片

复古照片是一种充满怀旧气息的照片，其特点通常包括温暖的色调、较低的饱和度、图像中有一定程度的噪点，以及磨损的边框等。这种照片风格能唤起人们对往日时光的记忆，让人回味无穷。

下面的例子中，采用了 20 世纪 80 年代的风格，让照片散发出那个时代独特的韵味。

图 5-88 提示词：An old 1980s vintage photograph, Shanghai Street --v 5.1

图 5-89 提示词：A photo of a retro fashion model from the 1980s --v 5.1

图 5-88   图 5-89

5.4.6 超现实主义

超现实主义艺术风格是一种将梦幻、荒诞与现实相结合的创作手法，旨在挖掘无意识的奇思妙想，展现不受逻辑限制的想象。

超现实主义风格的作品是通常是夸张的、不可思议的、超脱现实的，Midjourney 非常擅长生成这样的画面。

下面是一些具体的例子。

1. 超现实主义摄影《时间流逝》

提示词：**surrealist dream world style**, photography, flowing time, chaotic time and space --v 5.1

生成的图片如图 5-90 和图 5-91 所示。

图 5-90   图 5-91

2. 超现实主义摄影《骑自行车的兵马俑》

提示词：photography, **surrealist dream world style**, terracotta warriors riding bicycles --v 5.1

生成的图片如图 5-92 和图 5-93 所示。

图 5-92 图 5-93

5.4.7 Knolling

Knolling 摄影是一种摆拍艺术，它的主要特点是将相关的物品按照 90 度角排列整齐地展示在平面背景上。这种摄影风格常被用于产品展示、艺术品展示以及记录工作流程等。Knolling 摄影通常追求一种视觉上的秩序和和谐，同时也方便观众更好地理解和欣赏拍摄对象。

Knolling 摄影有四个关键：喜欢的物品、干净的背景、俯拍角度和阴天光线。提示词诀窍为 Knolling + 任何东西（Rose、Vegetables、Fruits 等）。

图 5-94 提示词：knolling, pink dress and jewelry, photography HD, 8k --v 5.1

图 5-95 提示词：Knolling, fruits --v 5.1

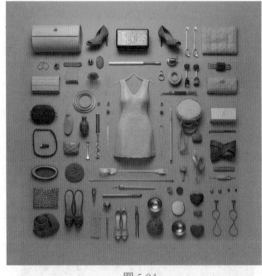

图 5-94 图 5-95

虽然 Knolling 风格起源于摄影艺术，但也可以用于其他风格，下面是一个水彩画风格的例子。

提示词：**Knolling layout**, a cute girl making coffee, coffee tools, coffee beans, coffee cups, coffee pots, coffee machines, green plants, very detailed, depicted in the center of the image, various coffee tools neatly surround her, front view, **watercolor style** style expressive

生成的图片如图 5-96 和图 5-97 所示。

图 5-96　　　　　　　　　　　　　　　　图 5-97

5.5
建筑设计

Midjourney 也可以用于建筑设计，无论是需要一些包含建筑的照片，还是想要寻找建筑设计方案的灵感，Midjourney 都可以提供相应的帮助。

5.5.1　现代主义有机建筑

现代主义有机建筑（Modern Organic Architecture）是一种建筑风格，强调建筑与自然环境的和谐共生。这种建筑风格倡导使用自然材料、优雅的曲线和流线型设计，以表现建筑与环境之间的紧密联系。

使用 Midjourney，可以很方便地生成这种风格的建筑设计，下面是一个具体的例子。

提示词：organic house embedded into the hilly terrain designed by Kengo Kuma, **architectural photography**, style of archillect, futurism, modernist, architecture --v 5.1

生成的图片如图 5-98 和图 5-99 所示。

图 5-98　　　　　　　　　　　　　　　　图 5-99

5.5.2 室内设计

除了建筑整体和外观设计，Midjourney 同样适用于生成室内设计效果图。通过输入描述性的提示词，Midjourney 能快速生成展示室内布局、风格的图片，从而激发设计的灵感。

图 5-100提示词：Interior Design, a perspective of a Study, modernist, large windows with natural light, light colors, plants, modern furniture, modern interior design --v 5.1

图 5-101提示词：Interior Design, a perspective of a living room and a kitchen, large windows with natural light, light colors, plants, modern furniture, modern interior design --v 5.1

图 5-100

图 5-101

5.6 其他

除了前几节介绍的例子，Midjourney 能做的还有很多，下面再简单介绍一些常见的场景以及案例。

5.6.1 贴纸

贴纸（Sticker）是用于装饰或标识物品的一种物品。它们由纸张或塑料材料制成，背面附有黏性胶贴，具有多样的形状、尺寸、颜色和设计。贴纸的主题丰富多样，涵盖了动物、植物、运动、音乐和流行文化等领域，同时也广泛应用于手账图案设计。

图 5-102 提示词：Sticker, ice cream, Vector, White Background, Detailed --style raw

图 5-103 提示词：Sticker, rose, Vector, White Background, Detailed --style raw

图 5-102

图 5-103

5.6.2　层叠纸艺术

层叠纸艺术（Layered Paper Art）是一种将不同颜色和纹理的纸张分层堆叠，并通过剪切、折叠和粘贴等技巧，创作出立体感和层次丰富的作品的艺术。

图 5-104 提示词：layered paper art, spring landscape --style raw

图 5-105 提示词：layered paper art, elephant --style raw

图 5-104

图 5-105

5.6.3　潮流 T 恤印刷图案

Midjourney 也可以生成适用于 T 恤的图案，例如下面例子中的潮流 T 恤图案，采用了霓虹灯荧光粉和蓝的色调，具备夸张且具有冲击力的视觉效果。

提示词：**T-shirt vector**, dinosaur, vivid colors, pink and blue lighting --style raw

生成的图片如图 5-106 和图 5-107 所示。

图 5-106

图 5-107

5.6.4　电影海报设计

电影海报作为一种视觉传达媒介，旨在吸引观众注意力并激发他们的观影兴趣。因此，电影海报设计需要兼具吸引力、信息传递能力和视觉冲击力。

下面是两个电影海报的例子。需要注意的是，目前 Midjourney 在文字内容生成上仍然有一些问题，例如海报上出现的单词可能会有拼写错误，在实际使用时需要手动修改或调整。

图 5-108 提示词：movie poster, a dog's life --v 5.1

图 5-109 提示词：movie poster, science fiction future --v 5.1

图 5-108

图 5-109

5.6.5　3D

通过 Midjourney，也能够实现流行的盲盒和手办设计。例如，下面的例子是设计一个 3D 的迪士尼公主形象。

提示词：Cute trendy little girl, happy, white hair, curly hair, long hair, delicate features, Disney princess, Wear a blue dress, long legs, blind box, Solid color background, light color, complementing colors, **IP, c4d, blender, Unreal Engine, OC renderer, 3d rendering**, 8k --ar 1:1 --s 500 --niji 5 --style expressive

生成的图片如图 5-110 和图 5-111 所示。

图 5-110

图 5-111

还可以给人物加入场景和动作，例如在街上行走。

提示词：a boy, in a city walking on the street, pixar style, Animated character, IP, c4d, blender, Unreal Engine, OC renderer, 3d rendering --v 5.1

生成的图片如图 5-112 和图 5-113 所示。

图 5-112

图 5-113

5.6.6　羊毛毡艺术

羊毛毡艺术（Wool Felting Art）是一种利用羊毛纤维进行创作的艺术形式。在创作过程中，艺术家通过湿毡法和干毡法将羊毛纤维变形、缠绕和固定在一起，形成具有各种形状和纹理的作品。羊毛毡作品可包括毯子、帽子、玩偶、装饰品等多种类型，这种艺术形式因其独特的质感和手工制作过程而广受欢迎。

在现实世界中，创作羊毛毡艺术需要出色的动手能力以及耐心，然而通过 Midjourney，可以很方便地生成各种羊毛毡艺术风格的图片。例如下面的例子生成了毛茸茸的皮克斯风格的小动物，非常软萌可爱。

图 5-114 提示词：snowing winter, super cute baby pixar style white fairy bear, shiny snow-white fluffy, wearing a wooly pink hat, delicate and fine, high detailed, bright color, natural light, simple background, octane render, ultra wide angle, 8K --v 5.1

图 5-115 提示词：snowing winter, super cute baby pixar style white fairy bear, shiny snow-white fluffy, wearing a wooly blue hat, delicate and fine, high detailed, bright color, natural light, simple background, octane render, ultra wide angle, 8K --v 5.1

图 5-114

图 5-115

还可以生成带场景的图片，甚至场景中的事物也都是羊毛毡艺术风格。

图 5-116 提示词：a girl in the garden, cute world of wool felt --v 5.1

图 5-117 提示词：cute world of wool felt, A group of rabbits are grazing on a hill full of flowers, superb lighting, Light colors --v 5.1

图 5-116　　　　　　　　　　　　　　图 5-117

5.7
本章小结

本章介绍了一系列 Midjourney 的创作实例，通过这些实例，读者应该对 Midjourney 的创作能力以及如何使用 Midjourney 进行创作有了更多的了解。

Midjourney 非常强大，无论是插画、摄影还是其他，各种常见的风格它都能处理，用户要做的就是找到合适的关键词，然后不断调整，直到得到理想的图片。

AI 绘画正在改变传统绘画的概念以及流程的道路上不断前进，无论是灵感探索还是实际应用，Midjourney 都能为创作者带来非常大的助力。

第6章
Midjourney 进阶用法

上一章介绍了 Midjourney 的创作实例，本章将继续深入，介绍一些 Midjourney 的进阶用法，包括 Niji 模型的使用、从任意图片中提取提示词、垫图的使用等，最后再介绍一个使用 Midjourney 创作绘本的例子。

6.1
Niji 模型

Niji 模型是 Midjourney 和 Spellbrush 合作的产物，它经过精心调整，擅长生成动漫风格的图像。①

要在 Midjourney 中使用 Niji 模型，只需在提示词中添加 "--niji" 参数即可。另外，Niji 5 目前支持几种不同的风格，分别是 Default Style（默认风格）、Expressive Style（表现风格）、Cute Style（可爱风格）、Scenic Style（风景风格）、Original Style（初始风格），可以使用类似 "--style expressive/cute/scenic/original" 的参数来指定风格，如不指定，则使用默认风格。

6.1.1 添加 Niji 机器人

如果需要经常使用 Niji 模型，可以在自建的服务器中添加一个 Niji 机器人，方便随时访问。添加方法如下。

首先，在 Discord 界面的左侧单击 "探索公开服务器" 按钮，打开 Discord 社区页面，如图 6-1 所示。

在 Discord 社区页面顶部的搜索对话框中输入 "niji" 或 "niji journey"，搜索 Niji 社区，如图 6-2 所示。

图 6-1

图 6-2

选择搜索结果中的 "niji·journey" 选项，单击进入，如图 6-3 所示。

进入 niji·journey 社区后，在左侧列表中选择一个聊天频道，例如中文频道中的 "图像生成"，如图 6-4 所示。

---

① "Niji" 源自日语 "にじ"，是 "彩虹" 或者 "2D" 的意思。

图 6-3

图 6-4

进入频道，右侧聊天区域是用户输入的绘图内容以及 Niji 机器人的回复，在任意一条 Niji 机器人的回复上单击它的头像（绿色小帆船图标），如图 6-5 所示。

在弹出层中单击"添加至服务器"按钮，如图 6-6 所示。

图 6-5

图 6-6

选择要添加到的自定义服务器，例如选择自建的服务器，单击"继续"按钮，再单击"授权"按钮，如图 6-7 和图 6-8 所示。

图 6-7

图 6-8

看到"已授权"的弹出提示框时（如图6-9所示），就表示Niji机器人已经成功添加到指定的服务器中了。

进入刚刚添加Niji机器人的聊天室，输入"/"，可在浮出面板中看见一个新的niji·journey机器人，图标为绿色小帆船，运行带这个绿色帆船图标的命令即可使用Niji模型。

可以在运行"/imagine"命令时使用"--niji"参数来指定模型版本，使用"--style"参数来指定Niji模型的风格，也可以先通过"/settings"命令来修改默认使用的模型版本以及风格等设置项，如图6-10和图6-11所示。

至此，Niji机器人就添加完成了，接下来将通过一些实例来演示Niji的用法和特点。注意，本节中的例子都是通过与Niji机器人交互绘制的，因此省略了"--niji"参数。如果是直接与Midjourney机器人交互，不要忘记添加"--niji"参数。

图6-9

图6-10

图6-11

6.1.2　制作表情包

网络聊天中，表情包是非常流行的元素，合适的表情包不仅能让交流妙趣横生，还能传递很多文字难以表达的信息。或许你也曾经想过，能不能制作一套属于自己的表情包呢？

徒手绘制表情包是一件成本很高的事，除了需要高超的绘画技巧，从构思到成品还需要花费大量的时间和精力。不过，如果使用Midjourney的Niji模型，一切都将简单很多。

下面，以一只小黄鸭为主角来制作一套表情包。

表情包提示词的要点：各种表情，开心，悲伤，愤怒，期待，哭泣，失望，大眼睛。可以根据需要添加或修改关键词。

在风格上的要点主要有插图、皮克斯风格、白色背景，以及使用Default Style（默认模型）。

最终使用的提示词：Various expressions of yellow duck, happy, sad, angry, expectant, cry, disappointed, big eyes, white background, illustration, Pixar style --ar 1:1

得到的图片如图6-12所示。

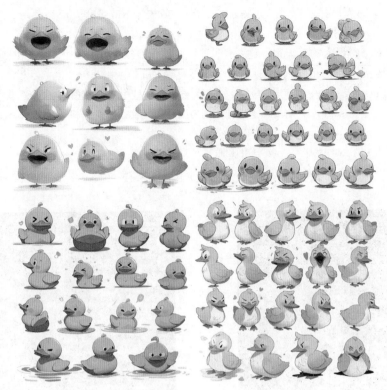

图 6-12

　　四张图片各有特色，选择右下角那张图，单击"U4"按钮放大，然后再单击"V4"按钮，继续微调，以便获得更多这个画风的表情图片，如图 6-13 所示。

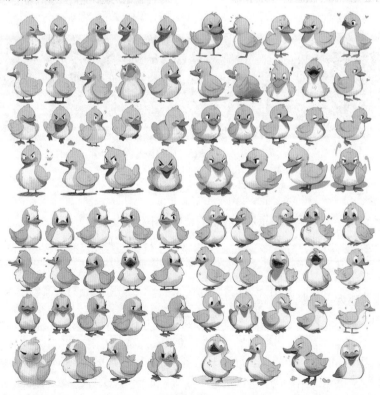

图 6-13

　　可以多次微调，直到获得足够多的素材。之后将选中的图片导入 Photoshop 或其他图像处理软件，切出自己喜欢的表情图片，再调整为统一尺寸即可。

图 6-14 所示是整理完成并添加了描述文字的示例。

可以将这些表情包图片导入自己的聊天软件中，作为自己的专属表情包，也可以发布到微信表情等开放平台，让更多人使用。

以微信表情包为例，一套微信表情包一般包含 8 张、16 张或 24 张图片，图片尺寸为 240×240 像素。按照微信平台的要求上传提交，审核通过之后，一套《小黄鸭》的表情包就正式上架了。[①]

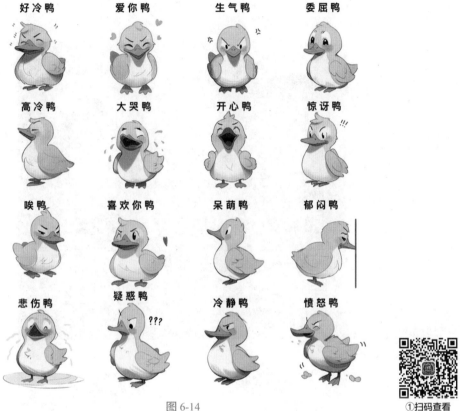

图 6-14

①扫码查看

6.1.3 商业海报应用

商业海报是一种视觉传播工具，主要应用于产品广告、商业活动、企业宣传、服务推广、招募活动等。商业海报的设计通常包含引人入胜的图像、醒目的文字和品牌标识，力求在有限的空间内产生最大的视觉冲击，从而有效地传递信息并吸引目标受众。

商业海报的设计过程可以大致分为以下 6 个步骤。

01 与甲方充分沟通，深入了解需求。

02 出草图。

03 小色稿。

04 整体插画上色。

05 排版设计。

06 完成。

其中第二步到第五步，每一步都需要与甲方沟通确认，一稿不过，还需再改，再确认。整个过程可能会花费很多时间。

有些时候，甲方对具体想要的效果也只有一个模糊的概念，于是双方需要花费大量的时间和精力来反复确认需求。如果在早期就能有一些概念图作为参考，双方的沟通无疑会顺畅很多。这时，就可以用到

Midjourney 等 AI 绘画工具了。

以一幅母亲节海报为例。

首先确定海报的内容主体：一位妈妈以及一个小女孩。

海报内容描述：小女孩拿着花，微笑着，在花园里，明亮的，温暖的色彩。

海报风格：儿童插画，Niji 默认版本（Default Style）。

绘画提示词：A little girl was holding flowers in the garden, smiling, with mother, children's book illustrations, bright and warm colors --ar 9:16

生成的图片如图 6-15 所示。

图 6-15

四张图片画面温馨、色调温暖，整体感觉都符合期望，但仔细观察，却又都不够完美，例如手都有一些或大或小的问题，这也是目前 Midjourney 出错率最高的部分。可以多次生成图片，直到得到足够完美的图片，也可以选择一张问题相对较小的图片，手动进行修改。

例如选择图 6-15 右下的第四张图，单击"U4"按钮，放大图片并下载。

这张图片中小女孩的右手手指明显偏短，将图片导入 Photoshop，模仿图片风格做一些调整，如图 6-16 所示。

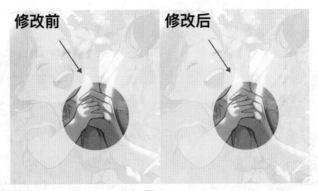

图 6-16

将小问题调整好之后，再进行排版设计，一张母亲节海报就完成了。最终效果如图 6-17 所示。

图 6-17

6.1.4　Niji 版本的风格

Niji 版本内置了几种风格，可使用"/settings"命令切换。下面来看一看这些风格有什么不同。

1. Default Style（默认风格）

Default Style 是 Niji 模型默认的风格，如果不指定"--style"参数，系统会自动使用这个风格。这个风格符合当代的主流审美，风格和色调连贯协调，色彩柔和。

下面来看两个示例。

图 6-18提示词：Chinese boy riding a mythical white tiger, ink painting, rich color palette, pov perspective, close-up, first person, amazing moment, Chinese painting, c4d, octane render, best quality, high detail --ar 9:16 --s 250

图 6-19提示词：Chinese boy riding a mythical blue dragon, ink painting, rich color palette, pov perspective, close-up, first person, amazing moment, Chinese painting --ar 9:16 --s 250

图 6-18　　　　　　　　　　　　　　　　　　　图 6-19

2. Expressive Style（表现风格）

Expressive Style 风格生成的图片具有较强的表现力，画面更通透灵动，色彩饱和度更高，层次感也更强。下面来看一个例子。

图 6-20 和图 6-21 提示词：Graphic illustration, a tent, a couple sitting on the lawn, delicate features, cute, girl in sun hat, boxes, chairs, lawn, tent, blue sky, white clouds, small flowers, pleasant, spectacular background, high detail, high saturation, super quality, rich detail --ar 3:4 --style expressive

图 6-20　　　　　　　　　　　　　　　　　　　图 6-21

3. Cute Style（可爱风格）

Cute Style 风格中人物形象都有可爱的脸部造型，画面扁平，细节丰富，色彩饱和度较低，色彩清新透气，整体画风温和，非常适合绘制可爱的动漫角色。

下面来看一个例子。

图 6-22 和图 6-23 提示词：A cute little girl in a dress dancing with plants in the background --style cute

图 6-22　　　　　　　　　　　　　　　图 6-23

4. Scenic Style（风景风格）

Scenic Style 风格会强化画面中的场景和风景，减弱人物元素，并将人物自然地融入场景中，使得画面更具有空间感，非常适合表现宏大的场景。

下面来看一个例子。

图 6-24 和图 6-25 提示词：A boy, with his dog, arrives in the huge abandoned city, summer, wide angle --style scenic

图 6-24　　　　　　　　　　　　　　　图 6-25

5. Original Style（初始风格）

Original Style 风格曾经是 Niji 模型最初的默认设置，不过现在 Niji 已经有了新的默认风格，因此这个风格改名为 Original Style（初始风格）。如果想继续使用原来的默认风格绘图，可以通过"/settings"命令选择"Original Style"，或者使用参数"--style original"来指定这个风格。

下面来看一个例子。

图 6-26 和图 6-27 提示词：poster design, flat illustration, The bride holds the bouquet, the groom holds the bride, Half body close-up, the background is a sea of flowers, imagination, delicate --style original

图 6-26

图 6-27

Niji 模型可以让用户在二次元的世界畅游探索，随着版本的不断更新迭代，它将带来更多的风格以及可能。善用 Niji 模型和它的各种风格，能让用户更快、更好地创作。

6.2
图片描述（Describe）

有时看到一张心动的图，想要绘制相同风格的图片，但无论怎么修改提示词都得不到想要的效果，该怎么办呢？

遇到这种情况也不用担心，Midjourney 不仅可以"文生图"，还可以"图生文"，只需使用"/describe"命令并上传一张图片，Midjourney 就会分析这张图片并生成提示词。

具体用法如下。

首先，在输入框输入命令"/describe"，如图 6-28 所示。

随后，会弹出一个添加文件的面板，上传想生成描述的图片，按 Enter 键提交命令，如图 6-29 和图 6-30 所示。

图 6-28

图 6-29

图 6-30

接下来，Midjourney 会返回 4 条提示词结果，如图 6-31 所示。

4 条提示词各有侧重，单击图片下方的 1、2、3、4 按钮，便可将对应编号的提示词发送给 Midjourney

机器人，让它根据该提示词生成图片。单击刷新按钮，可以重新生成一组提示词。

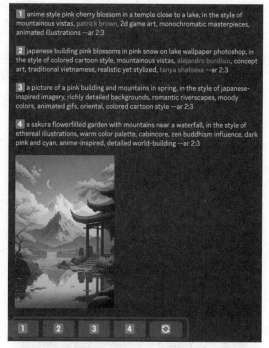

图 6-31

　　图 6-32 和图 6-33 所示分别是根据第 1 条和第 3 条提示词生成的图片。尽管无法生成与原图完全相同的图片，但可以看到新图的风格、内容都与原图非常相似。

图 6-32

图 6-33

　　除了直接生成相似的图片，也可以使用"/describe"命令来学习提示词的写法，例如命令生成的提示词中通常会包含原图的构图、主体、风格、色彩等方面的描述，这些都可以作为学习参考。

6.3
垫图

第 4 章简单介绍过提示图片，即垫图的用法。这个功能在一些场景中非常有用，接下来将进一步介绍这个功能。

所谓垫图，就是给 Midjourney 提供一张或多张原图，让它基于原图进行创作，由此生成的图片将保留原图的主要特征。这个方法能让 AI 的创作更可控，让产出的图片更符合期望。

6.3.1　生成头像

例如，如果想用 AI 为自己生成一张个性化的社交网络头像，当然可以直接输入描述性的文本提示词，但这样生成的图片和本人相貌多半差异很大，因为语言描述总是会有偏差，而且 Midjourney 对语言的理解能力比较有限，这就导致生成的图片跟预期相比有很大的偏差。

那么，有办法生成和自己相似的头像吗？答案是肯定的，而且很简单，只需使用垫图的方式，给 AI 提供一张自己的照片，再输入适当的文本提示词，它就会参考照片中人物的相貌特点进行创作。

以图 6-34 所示的半身像为例，演示如何使用垫图的方法生成个性化头像。

图 6-34

首先，在 Discord 的输入框中粘贴这张素材，然后按 Enter 键，发送照片，如图 6-35 所示。

图 6-35

照片发送成功之后，在聊天记录中的图片上右击，在弹出快捷菜单中选择"复制链接"选项，得到图片的链接地址，如图6-36所示。

接着，输入"/imagine"命令，然后在提示词最前方粘贴图片的链接地址，空一格之后继续输入期望的风格描述，例如油画风格（oil painting style），如图6-37所示。

图 6-36   图 6-37

提示词：https://s.mj.run/WflrxBVcpxU **oil painting style**

提交命令，Midjourney就会根据垫图以及提示词生成四幅油画肖像，如图6-38所示。

图 6-38

可以看到，生成的图片保留了很多原图的相貌特征，同时又有指定的艺术风格。

6.3.2 更多风格

以垫图为基础，可以生成更多不同风格的头像，例如换成可爱的迪士尼公主风格。

下面是一个例子，注意提示词中加粗的部分。

提示词：https://s.mj.run/9Z4BGcG3CuE **Disney style, portrait, 3d rendering, cute**

生成的图片如图6-39所示。

图 6-39

如果想让人物更像中国人，可以继续添加细节描述。

下面是一个例子，注意提示词中加粗的部分。

提示词：https://s.mj.run/WflrxBVcpxU Disney style, portrait, simple avatar, 3D rendering, clay, **a cute Chinese young girl**

生成的图片如图 6-40 所示。

图 6-40

在这个效果的基础上，还可以继续添加或修改提示词，改变服装和造型。例如穿上粉色裙子、拿着玫瑰等。

下面是一个例子。

图 6-41提示词：https://s.mj.run/WflrxBVcpxU Disney style, simple avatar, 3d rendering, clay, a cute Chinese young girl, standing, Wearing a pink princess gauze dress, holding a lot of roses, full body

基于垫图，再加上细节描述文本，可以创作出各种风格的头像。这些头像不仅能够保留自己的面部特征，还充满了个性和艺术感。

图 6-41

6.3.3　在 Niji 模型中使用

　　垫图功能在 Niji 模型中同样可用，生成的图片会具有鲜明的动漫风格。

　　下面是一个例子，注意提示词中加粗的部分。

　　图 6-42 提示词：https://s.mj.run/WflrxBVcpxU Disney style, simple avatar, 3d rendering, clay, a cute Chinese young girl standing, **Wearing a pink princess gauze dress** --niji 5 --style expressive

图 6-42

6.3.4　图片权重

　　第 4 章简单介绍了提示图片的权重参数"--iw"，本节将以头像生成为例，再来看一看权重参数的具体效果。

　　图片权重参数的格式为"--iw ＜ 数值 ＞"，其中数值范围为 0 ～ 2，默认值为 1。

在使用垫图生成图片时，AI会参考原图生成新的图片，但具体要参考到什么程度呢？这就可以用权重参数来控制，数值越小，AI自由发挥的空间越大，数值越大，生成的图片就越接近原图。通过调整权重参数，可以在保留原图特征的同时，实现不同程度的创意发挥。

下面调整图像权重值为0.5。

提示词：https://s.mj.run/WflrxBVcpxU Disney style, portrait, simple avatar, 3D rendering, clay, a cute Chinese young girl standing **--iw 0.5**

生成的图片如图6-43所示。

图 6-43

保持较低的权重值，再尝试一下其他风格。

提示词：https://s.mj.run/WflrxBVcpxU Sketch, simple lines, black and white, a cute Chinese young girl standing **--iw 0.5**

生成的图片如图6-44所示。

图 6-44

提示词：https://s.mj.run/WflrxBVcpxU watercolor, a cute Chinese young girl **--iw 0.25**
生成的图片如图 6-45 所示。

图 6-45

可以看到，当图片权重的值较低时，生成的图片与原图在主题（女性肖像）以及姿势（半身像）上保留了一定的相似性，但其余部分已经有了相当明显的差异，与原图人物的相貌也已经几乎完全不同，同时画面的风格化也更强烈了。

6.3.5　多人照片

除了前面使用单人照生成头像，也可以使用多人照片作为垫图来生成图片。
来看一个例子，图 6-46 所示是一对新人的婚纱照，将这张照片作为垫图。

图 6-46

提示词：https://s.mj.run/6uLKrPRVRcw simple avatar, 3d rendering, pixar style, couple, wedding
生成的图片如图 6-47 所示。

图 6-47

再看一个例子，图 6-48 所示是一张温馨的全家福照片，将使用这张照片作为垫图。

图 6-48

提示词：https://s.mj.run/0pvFIurB9uo simple avatar, 3d rendering, pixar style, dad, mom, baby, sitting on the sofa, warm and bright tones, looking at the camera and smiling

生成的图片如图 6-49 所示。

注意：目前 Midjourney 在处理包含多个对象的垫图时还存在一些问题，如果垫图中人数较多（多于 3 人），或者环境较为复杂，可能会影响生成图片的效果。不过，随着 Midjourney 的迭代更新，相信它对多个对象的处理能力也会越来越完善。

也可以同时使用多张图片作为垫图，这样生成的图片将具有所有传入垫图的特征。多张图片的链接需要放在提示词最前面，每个链接之间空一格。

垫图的提示词的一般格式：垫图链接＋风格提示词＋输出效果＋人物细节提示词＋参数。善用垫图功能，将有助于更好地控制生成图片的内容。

图 6-49

6.4
创作故事绘本

绘本是一种将插画和文字相结合的图书形式，通过精美的插画和简洁的文字，将故事或知识传达给读者。绘本能激发孩子的想象力、创造力和阅读兴趣，非常适合儿童阅读。绘本的内容丰富多样，包括童话故事、寓言、科普知识等，既可以娱乐休闲，也可以学习教育，是首选的亲子共读材料。

绘本创作是一项专业性很强的工作，尤其在插画绘制方面，它需要创作者具备专业的绘画技能和丰富的创意。然而，在 AI 高速发展的当下，利用 Midjourney 等工具，即便是没有美术基础的非专业人士，也能够将自己的故事转换为令人赞叹的绘本。

绘本的核心要素包括故事和插画，本节不讨论故事写作部分，只关注插画创作。

和之前的单幅插画创作不同，绘本插画通常由一系列相互关联的多张图片组成。在这些图片中，角色形象、环境背景和绘画风格都需要保持一致，对于 Midjourney 这种细节不太可控的工具来说，这是一个不小的挑战。

6.4.1　绘本实例：男孩和猫

下面来看一个具体的例子。

这是一个关于小男孩收养了一只小猫并与小猫建立起感情连接的故事，主角是一位 5 岁的穿着红色的 T 恤的小男孩，以及一只可爱的小黑猫。

为了让画风保持一致，可以在每幅画的提示词最后添加插画师的名字作为关键词，这样 Midjourney 就会以这位插画师的风格来生成图片。本例选择了英国著名插画师昆丁·布莱克（Quentin Blake）的风格，他的作品以夸张的线条和幽默的表现手法著称。

在确定好故事、角色形象以及画风之后，就可以开始创作了。下面是各页的内容以及提示词。

第一页：一个穿着红色 T 恤的小男孩在一个纸箱子里看到了一只小黑猫。

提示词：A 5-year-old boy, in a red T-shirt, sees a small black cat baby, in a cardboard box, Quentin Blake

在提示词的末尾添加了插画师的名字 Quentin Blake，以便使用他的画风，生成的图片如图 6-50 所示。

图 6-50

第二页：小男孩看它可怜，就把小黑猫带回了家。

提示词：A 5-year-old boy, in a red t-shirt, walking home with his little black cat baby, Quentin Blake

生成的图片如图 6-51 所示。

图 6-51

第三页：小男孩喂小黑猫吃东西。

提示词：A 5-year-old boy, in a red T-shirt, feeds a baby black cat, Quentin Blake

生成的图片如图 6-52 所示。

图 6-52

第四页：小男孩每天与小黑猫一起玩耍，一起开心地玩球。

提示词：A 5-year-old boy, in a red T-shirt, he plays with a ball, with a little black cat baby, happy, Quentin Blake

生成的图片如图 6-53 所示。

图 6-53

第五页：小男孩和小黑猫一起去钓鱼。

提示词：A 5-year-old boy, in a red T-shirt, a little black cat baby, fishing, Quentin Blake

生成的图片如图 6-54 所示。

图 6-54

第六页：小男孩和小黑猫坐在沙发上一起看书，他们成了最好的朋友。

提示词：A 5-year-old boy, in a red T-shirt, happily hugs a little black cat baby, sitting on the sofa, Quentin Blake

生成的图片如图 6-55 所示。

图 6-55

一共绘制了六页插画，一个绘本小故事就完成了。读者可以根据自己的构思，创作属于自己的绘本故事，甚至还可以将绘本打印装订成册，变成真正可以拿在手中翻阅的绘本。

6.4.2　绘本创作要点

从上面的例子中可以得出，为了保证绘本画风的连贯性，需要注意以下两点：一是为角色添加一些具体的描述，例如年龄、发型、衣着、特色装饰等，也可以选择某个知名的人物或动物形象，以便为主角形象设定一个清晰的框架；二是指定某位艺术家或者具体的绘画风格，以便整组图片画风一致，没有太大出入。角色描述以及画风的关键词需要在所有图片的创作中保持一致。

接下来，就是像电影导演分镜一样，将故事拆分为多个画面，针对每幅画面精炼提示词，然后利用 Midjourney 生成相应的插画。

最后，将这些插画串联起来，形成一个连贯的故事绘本。通过这样的方法，即使是没有专业美术背景的创作者，也能够顺利地完成绘本创作。

6.5
本章小结

本章介绍了 Midjourney 的一些进阶用法，包括如何使用 Niji 模型绘制动漫风格的插画，如何使用"/describe"命令从图片中反向获得提示词描述，以及如何使用垫图来影响最终生成图片的内容，最后，还介绍了如何使用 Midjourney 来创作包含多幅插画的故事绘本。

通过本章内容的学习，相信读者已经对 Midjourney 的能力以及用法有了一个较为全面的了解，应该可以使用 Midjourney 绘制出各种精美的画作。

Midjourney 是一个强大的工具，虽然目前它仍有一些不足之处，但它正在快速发展中，可以预见，在不久的将来，它的功能将变得越来越丰富和完善，为用户带来更加卓越的创作体验。

无论是专业设计师还是业余爱好者，用好 Midjourney，一定能带来更多灵感，让创意工作更加高效和有趣。

第 7 章
Stable Diffusion 介绍

最近的 AI 绘画热潮中，由 StabilityAI 公司开发的 Stable Diffusion 无疑是最知名也最有影响力的技术之一。得益于其卓越的图片生成效果、完全开源的特点以及相对较低的配置需求（可在消费级 GPU 上运行），在推出后不久它就流行开来，大量开发者以及公司加入它的社区参与共建，同时，还有很多公司基于 Stable Diffusion 推出了自己的 AI 绘画应用。

Stable Diffusion 在技术上基于扩散模型（Diffusion Model）实现。它的迭代速度很快，截至本书编写，Stable Diffusion 的最新版本是 2.1 版，不过之前的版本，如 1.5 版仍然很流行。

如果将 Midjourney 比作自动挡驾驶，Stable Diffusion 就类似手动挡，它的上手门槛比 Midjourney 高一些，但只要熟练掌握，将能获得比 Midjourney 更多的自由度。

接下来，就一起来学习 Stable Diffusion 这个神奇的工具。

7.1
在本地安装和运行 Stable Diffusion Web UI

互联网上有很多基于 Stable Diffusion 的服务，由于 AI 绘图非常耗费资源，这些服务大多是收费的，不过部分服务商也会提供一定的免费额度，可以直接选择一个这样的在线服务。如果计算机配置足够，也可以在自己的计算机上安装和运行 Stable Diffusion，以便不受限制地探索 AI 绘画。

Stable Diffusion 本身并不支持图形界面，需要通过使用命令行的方式调用，这对普通用户而言操作体验很不友好。因此，一些开发者为它开发了各种图形界面，其中最流行的当数 Stable Diffusion Web UI[①]，它是一个基于浏览器的操作界面，同时也是一个免费开源项目，任何人都可以安装和使用。

①扫码查看

在后续的探讨以及案例中，将主要基于 Stable Diffusion Web UI（以下简称为 Web UI）界面，本节先介绍如何在本地安装和运行它。

7.1.1　安装准备

虽然 Web UI 可以在消费级计算机上运行，但它对硬件条件和软件环境也有一定要求。

1. 硬件要求

由于 Stable Diffusion 生成图像主要依赖 GPU，因此对显卡有较高的要求，一般需要独立显卡，并且性能越高越好。NVIDIA（英伟达）显卡或 AMD 显卡都可支持，但官方推荐 NVIDIA，同时也支持苹果 M1/M2 芯片。

显卡性能将直接影响图片的生成速度。例如，在顶级显卡中，生成一张图片可能仅需几秒，而在性能较差的显卡上，相同的任务可能需要几十秒甚至数分钟才能完成。由于 AI 绘画经常需要通过调整关键词和参数来对结果进行微调，因此出图速度会影响调整效率，如果生成图片的速度过慢，就意味着创作者在整体上需要花费更多时间。

显存大小也会影响出图的效果，显存较低的显卡通常只能绘制尺寸较小的图片，且在自行训练模型时也会受到限制。一般推荐显存至少要有 8GB。

表 7-1 所示是参考配置。

表 7-1

	最低配置	推荐配置
CPU	无硬性要求	支持 64 位的多核处理器
显卡	GTX 1660Ti 或同等性能显卡	RTX 3060Ti 或同等性能显卡
显存	6GB	8GB
内存	8GB	16GB
硬盘空间	20GB 可用硬盘空间	100GB 以上可用硬盘空间

在最低配置下，大约需要 1 ~ 2 分钟才能生成一张图片，支持的最高分辨率为 512×512 像素；而使用推荐配置，10 ~ 30 秒即可生成一张图片，支持的最高分辨率为 1024×1024 像素。这两个配置仅作为参考，随着 Stable Diffusion 的迭代更新，其对硬件的要求也会发生变化。

如果计算机配置无法运行 Stable Diffusion，可以尝试云端方案，在性能更好的云计算平台主机上进行安装运行，安装方法与在本地安装类似。

2. **软件要求**

软件方面需要计算机上安装有 Python[①] 以及 Git 环境。

如果不熟悉 Python，可以安装 Conda[②]等软件环境包管理系统，它会帮助安装配置好 Python 环境。

②扫码查看

Git 是一个流行的分布式版本管理系统，需要通过它来下载 Web UI 相关的代码。同时，当 Web UI 发布新版本后，也可以通过 Git来拉取最新的源码。如果计算机上没有安装 Git，可以访问网站 https://git-scm.com/，并根据网站上的说明下载和安装 Git。

另外，如果使用的是 NVIDIA 显卡，还需要安装 CUDA，这是一种软硬件集成技术，通过这个技术，用户可利用 NVIDIA 的 GPU 进行图像处理之外的运算。具体可前往 NVIDIA 官网页面[③]下载，然后运行安装程序，根据提示进行安装即可。

③扫码查看

7.1.2 下载源码

按前面的条件安装好 Python 以及 Git 之后，即可选择一个目录，开始安装 Web UI。此处有一些注意事项，一是安装路径最好不要有中文或特殊字符，不然一些功能或扩展有可能出错，二是最好选择一个剩余空间比较宽裕的盘，因为后续可能需要下载很多模型文件，比较占用空间。

做好准备之后，打开命令行终端，定位到想安装 Web UI 的目录，输入以下命令：

git clone https://github.com/AUTOMATIC1111/stable-diffusion-webui

这个命令将会从 GitHub 上下载 Stable Diffusion Web UI 的最新源代码到本地，保存在当前目录下的 stable-diffusion-webui 文件夹内。等下载完成之后，打开这个 stable-diffusion-webui 文件夹，继续后续操作。

将来如果需要更新 Web UI 源码，只需在命令行中打开 stable-diffusion-webui 文件夹，并运行"git pull"命令拉取最新源码即可。

④扫码查看

7.1.3 下载模型

刚刚下载的只是 Web UI 的源码，不包含模型，想要绘图，还需要至少安装一个模型才行。如果还没有模型文件，可以去 Hugging Face[④]、Civitai[⑤]等平台下载，不同的模型有不同的风格特点，可以根据需要自行选择。

⑤扫码查看

---

① 目前版本中建议安装 Python 3.10.6

　　模型文件一般以".ckpt"或".safetensors"结尾，两种文件的用法相同，不过".ckpt"格式由于发布较早，存在一些缺陷，理论上可能包含恶意代码，而".safetensors"解决了这个问题，因此更加安全。如果一个模型两种格式都提供，一般建议选择".safetensors"版本。

　　有一些模型还会附带 VAE（.vae.pt）或配置文件（.yaml），需要一起下载。

　　下载好模型文件之后，将它放到 Web UI 安装目录下的"models/Stable-diffusion"文件夹下即可。如果该模型带有 VAE 或配置文件，需要确保它们的文件名（除去后缀部分）和模型的文件名相同，并和模型文件放在同一个文件夹。

7.1.4　运行

　　接下来就可以正式运行 Web UI，这个操作在不同系统上稍有差异。

　　如果使用的是 Windows 系统，可以双击运行文件夹中的 webui.bat 文件，也可以使用命令行运行它。如果使用的是 macOS 或者 Linux，则可以在命令行中导航到这个目录，运行 webui.sh 文件。webui.bat 或 webui.sh 作用是一样的，用于启动 Web UI 服务。

　　首次运行时，Web UI 需要下载和安装一些依赖项，可能会耗时较长，之后的运行会快很多。如果一切顺利，一会儿之后会在命令行界面看到类似下面的消息：

Running on local URL: http://127.0.0.1:7860

　　如图 7-1 所示，表示 Web UI 的服务已经启动了，用浏览器访问 http://127.0.0.1:7860，即可打开 Web UI 的界面，如图 7-2 所示。

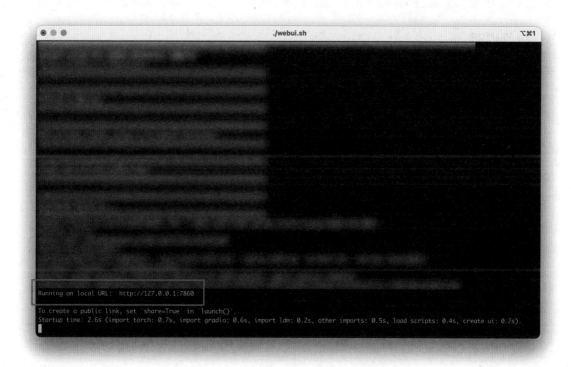

图 7-1

　　如果正在使用的环境变量需要做一些自定义配置，或者要添加一些自定义的启动参数，一般不建议直接修改 webui.bat 或 webui.sh，而是修改文件夹中的 webui-user.bat（Windows 用户）或者 webui-user.sh（macOS 或 Linux 用户）。

图 7-2

如果需要关闭或退出 Web UI，只需退出终端中的命令即可。

7.1.5　界面说明

Web UI 的界面没有花哨的设计，一切以实用为主。以 1.2.1 版为例，它的主要功能区介绍如图 7-3 所示。

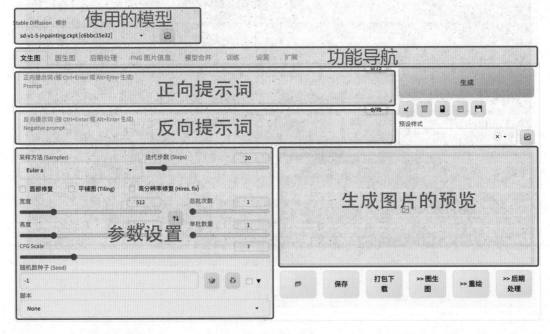

图 7-3

随着 Web UI 的迭代更新，界面可能也会发生变化，不过大致功能模块一般不会频繁变化。另外，这个界面也支持夜间模式，只需在浏览器地址栏中添加"__theme=dark"参数即可切换，即访问"http://127.0.0.1:7860/?__theme=dark"即可。

7.1.6 中文界面

Web UI 默认为英文界面，可以通过安装扩展的方式添加中文语言翻译。

如果需要安装中文扩展，可单击功能导航中的"Extensions"标签，并单击其中的"Available"子标签，搜索"localization"关键词，即可列出可用的语言扩展，列表中名字形如"zh_Hans Localization"的扩展即是中文语言扩展，找到后单击右边的"Install"按钮，即可安装该扩展，如图 7-4 所示。

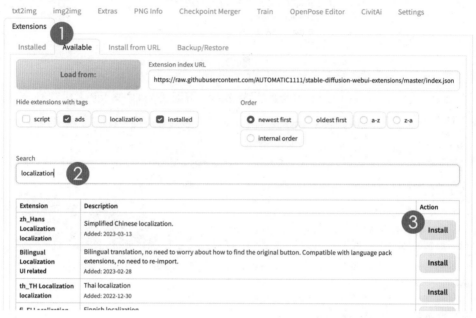

图 7-4

安装好扩展之后，还需要去设置界面开启一下，如图 7-5 所示，操作步骤如下。

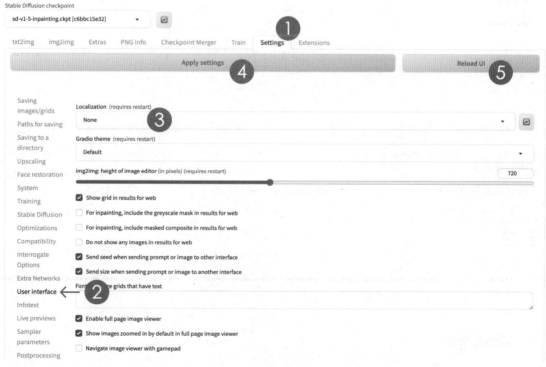

图 7-5

01 单击顶部导航的"Settings"标签。

02 选择左侧的"User interface"选项。

03 在页面中找到"Localization（requires restart）"选项，单击其下拉按钮，在下拉菜单中选择想使用的语言，例如"zh-Hans（Stable）"（表示简体中文稳定版），如图 7-6 所示。

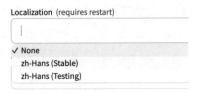

图 7-6

04 回到页面顶部，单击"Apply settings"按钮保存并应用刚刚的修改。

05 最后，再单击旁边的"Reload UI"按钮或者直接刷新页面，界面就换成中文版了。

中文版界面如图 7-7 所示。

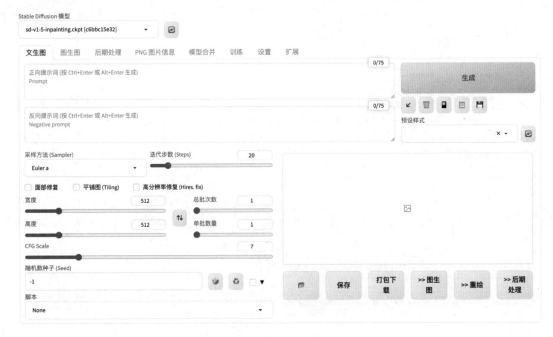

图 7-7

后续小节中将以中文版进行演示。不过由于 Web UI 迭代很快，中文翻译有时可能会有一些迟滞，因此界面上可能有一些内容仍是以英文显示。另外，如 ControlNet 等专用名词，由于暂时还没有通用的标准译法，也会直接以英文显示。

还可以安装更多扩展，进一步增强 Web UI 的功能，后续章节中将会介绍一些常用扩展。

7.2 基本用法

接下来快速了解如何在 Web UI 中绘图。

7.2.1 模型与导航

和 Midjourney 不同，Stable Diffusion 有很多模型可供选择，但需要自行下载安装。可以从 Hugging Face、

Civitai 等平台下载模型，并将模型文件（以及可能附带的配置文件）放到 Web UI 安装目录下的 "models/Stable-diffusion" 文件夹中。

下面的例子中使用的是 Stable Diffusion 1.5 Inpainting 模型[①]，这是 Stable Diffusion 官方出的一个流行的基础模型。

启动 Web UI 后，界面左上角是模型选择下拉框，单击这个下拉框可以看到并选择已经安装的模型。如果新下载的模型不在列表中，可单击下拉框旁边的 "↻" 图标刷新列表，如图 7-8 所示。

图 7-8

接着，在导航栏选择第一个标签 "文生图"，即可进入绘图界面，如图 7-9 所示。

图 7-9

7.2.2　提示词

要在 Stable Diffusion 中画图，需要通过输入文本提示词来告诉它想要什么样的图像。

Stable Diffusion 的提示词分为正向提示词和反向提示词。顾名思义，正向提示词表示绘图时想要的内容，反向提示词则表示不想要的内容。提示词一般需要使用英文，不同的关键词之间使用半角逗号隔开，也有一些模型支持中文或其他语言的关键词，具体可见各模型的说明。

下面来看一个具体的例子。例如，想画一只在开心地奔跑的小狗，可以在正向提示词输入框中输入以下内容：

a dog, happy, running

其余输入框或参数保持默认，然后单击右侧的 "生成" 按钮，稍等片刻，就能在右侧的预览面板看见生成的图片，生成的图如图 7-10 所示。注意，Stable Diffusion 生成图片时具有一定随机性，用相同提示词生成的图片也会有所不同。

图 7-10

如果图片没有正常生成，可以查看一下 Web UI 终端是否有报错信息。

Web UI 生成的图片会自动保存到 Web UI 安装目录下的"outputs/txt2img-images"文件夹中，单击预览面板下方最左侧的文件夹按钮，即可打开这个文件夹。

为了让生成的图片质量更好一些，还可以添加一些反向提示词。

下面是一段反向提示词的例子：

lowres, bad anatomy, text, error, extra digit, fewer digits, cropped, worst quality, low quality, normal quality, jpeg artifacts, signature, watermark, username, blurry

这些词的含义是"低分辨率、不良解剖结构、文本、错误、多余数字、较少数字、裁剪、质量最差、低质量、正常质量、jpeg 伪像、签名、水印、用户名、模糊"。

加上反向提示词后，生成的图片如图 7-11 所示。

图 7-11

在本例中，反向提示词的影响不是很显著，不过在进行更复杂的绘画时，反向提示词可能会对图片内容和质量起到非常重要的作用，后续章节中可以看到更多示例。另外，可以看到这个例子中小狗的毛色变成了黄色，和图 7-10 不同，这是因为没有指定小狗的毛色特征，Stable Diffusion 进行了随机选择。

在下一章，还将深入介绍提示词的更多写法。

7.2.3　图片权益

刚刚使用 Stable Diffusion 生成了两张小狗的图片，很多读者可能会有疑问，这两张图片有版权吗？或者更广泛一点，用 Stable Diffusion 生成的图片属于谁？可以商用吗？

这是一个复杂的问题，目前国内外都还存在很多争议。由于 Stable Diffusion 的模型需要使用大量图片来训练，这些用作训练的图片本身可能受版权保护，使用这些模型创作的图片也可能会包含这些版权图片的元素或特征。

如果绘制的图片与版权图片非常相似，那么可能会侵害原图的"复制权"；若并不完全相似但仍然保留了原图的基础表达，则可能会侵害原图的"改编权"；当然，如果生成的图片与原图差异很大，没有明显的相似之处，则一般认为没有侵权，创作者享有新生成图片的所有权，可以用于商业等目的。

每个模型都有不同的训练数据，在选用模型之前，最好查看它的发行说明，了解它所用的训练数据以及注意事项。

也可以查看 Stable Diffusion 的协议原文[①]了解更多细节。

①扫码查看

7.3
常用参数

7.2 节中已经介绍了如何在 Web UI 中绘图，可以看到，Stable Diffusion 的基本用法很简单，只需选择合适的模型，然后输入正向提示词、反向提示词即可。

不过，如果要得到更细致的结果，就需要对各参数设置有所了解。下面就来介绍常用的参数。

参数设置面板如图 7-12 所示。

图 7-12

下面将按照面板中各设置的位置，依次介绍各项参数。

7.3.1 采样方法

为了生成图像，Stable Diffusion 会先在潜空间中生成一张随机的噪声图，然后再对这张图片多次去噪，最后得到一张正常的图片，如图 7-13 所示。这个去噪的过程被称为采样（sampling），而采样方法（sampler）则是这个过程中使用的方法。

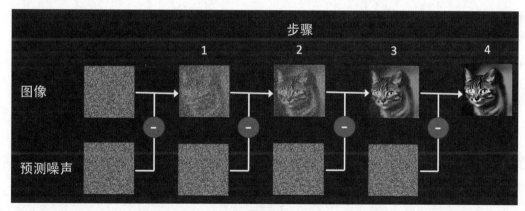

图 7-13

参数面板左上角第一项即是采样方法，目前的版本中，共有 Euler a、LMS、DPM2……UniPic 等 20 个方法，如图 7-14 所示。

如此多的选择，常常让初学者困惑，这些采样方法都是什么意思？该如何选择呢？下面就按不同的类别来看一看这些采样方法各自的特点。

1. 老式求解器

Euler、Henu、LMS 采样方法比较简单，是老式的常微分方程（ODE）求解器。

其中 Euler 是最简单的求解器，Henu 比 Euler 更准确但是也更慢，LMS（Linear Multi-Step method，线性多步法）速度与 Euler 相同，但 LMS 号称更准确。

2. 祖先采样方法

有一些取样器的名字中带有一个字母"a"，这表明它们是祖先采样方法（ancestral sampler）。

祖先采样方法属于随机采样方法，它们会在每个采样步骤中添加随机噪声，使结果具有一定的随机性，从而探索不同的可能性。需要说明的是，还有一些其他方法也是随机采样，尽管它们的名字中没有"a"。

使用祖先采样方法可以通过较少的步骤产生多样化的结果，但缺点是图像不会收敛，随着迭代步数的增加，图像将不断变化，生成的图像可能更嘈杂且不真实。而如果使用 Euler 等收敛采样方法，一定步数之后图像的变化会逐渐变小，直到趋于稳定。

祖先采样方法如下。

- Euler a。
- DPM2 a。
- DPM++ 2S a。
- DPM++ 2S a Karras。

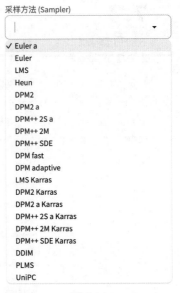

图 7-14

3. Karras 版本

带有"Karras"字样的采样方法使用了泰罗·卡拉斯（Tero Karras）等人的论文[1]中推荐的噪声规则，与默认的规则相比，Karras 的规则在开始时噪声较多，在后期噪声较少，据他们研究，这样的规则可以提高图像质量。

①扫码查看

相关的采样方法如下。

- LMS Karras。
- DPM2 Karras。
- DPM2 a Karras。
- DPM++ 2S a Karras。
- DPM++ 2M Karras。
- DPM++ SDE Karras。

4. DDIM 和 PLMS

DDIM（Denoising Diffusion Implicit Model，去噪扩散隐式模型）和 PLMS（Pseudo Linear Multi-Step method，伪线性多步法）是第一版 Stable Diffusion 中就附带的采样方法，其中 DDIM 是最早为扩散模型设计的采样方法之一，PLMS 则比 DDIM 更新、更快。

目前，这两个采样方法基本已经过时，不再被广泛使用。

5. DPM 系列

DPM（Diffusion Probabilistic Model solver，扩散概率模型求解器）和 DPM++ 是为 2022 年发布的扩散模型设计的新采样器，它们代表了一系列具有相似架构的求解器。

DPM2 与 DPM 相似，只是它是二阶的，更准确但是也更慢。

DPM++ 是对 DPM 的改进，它使用快速求解器来加速引导采样。与 Euler、LMS、PLMS 和 DDIM 等其他采样器相比，DPM++ 速度更快，可以用更少的步骤实现相同的效果。

DPM++ 2S a 是一种二阶单步求解器，其中"2S"代表"Second-order Single-step"（二阶单步），"a"表示它使用了祖先采样方法。

DPM++ 2M 是一种二阶多步求解器，其中"2M"代表"Second-order Multi-step"（二阶多步），结果与 Euler 相似，它在速度和质量方面有很好的平衡，采样时会参考更多步而不是仅当前步，所以质量更好，但实现起来也更复杂。

DPM fast 是 DPM 的一种快速实现版本，比其他方法收敛更快，但牺牲了一些质量。DPM fast 通常用于对速度有较高要求的批量处理任务，但可能不适用于对图像质量要求较高的任务。

DPM adaptive方法可以根据输入图像自适应实现一定程度的去噪所需的步数，但它可能会很慢，适合需要较多处理时间的大图像任务。

DPM++ SDE和DPM++ SDE Karras使用随机微分方程（SDE）求解器求解扩散过程，它们与祖先采样方法一样不收敛，随着步数的变化，图像会出现明显的波动。

6. UniPC

UniPC（Unified Predictor-Corrector）是2023年发布的新采样方法，是目前最快最新的采样方法，可以在5～10步内实现高质量的图像生成。

7. k-diffusion

另外还有k-diffusion，它是指凯瑟琳·克劳森（Katherine Crowson）的k-diffusion GitHub库[1]和与之相关的采样方法，即前面提到的泰罗·卡拉斯（Tero Karras）等人论文中研究的采样方法。

①扫码查看

基本上，除了DDIM、PLMS和UniPC之外的所有采样方法都源自k-diffusion。

8. **速度**

不同的采样方法在速度上有所差别，表7-2所示是各采样方法的渲染速度参考。

表7-2

渲染速度	采样方法
快	Euler a、Euler、LMS、DPM++ 2M、DPM fast、LMS Karras、DPM++ 2M Karras、DDIM、PLMS、UniPic
慢	Heun、DPM2、DPM2 a、DPM++ 2S a、DPM++ SDE、DPM2 Karras、DPM2 a Karras、DPM++ 2S a Karras、DPM++ SDE Karras
很慢	DPM adaptive

9. **参考建议**

那么，应该使用哪种采样方法呢？

大体上来说，以上所介绍的采样方法各有特点，主要差异是在速度、质量、收敛性上有所不同。

在速度以及收敛性上，各采样方法的评判标准是确定的，但对于图片渲染的质量则没有统一的标准。有人认为带有"Karras"的方法比不带这个标签的同名方法更好，但也有人认为二者并没有明显的差异。同时，一些采样方法在照片等真实风格的图像上表现较好，另一些则在卡通漫画等风格的图像上更具优势。读者可以在具体实践中分别尝试比较，以找到最合适的采样方法。

如果要提供一些经验上的建议，通常认为DPM++系列采样方法是大多数情况下较好的选择。以下是一些更具体的建议，仅供参考。

如果时间有限，不想尝试太多方案，可以选择Euler或者DPM++ 2M。

如果希望生成速度快且质量不错，可以选择DPM++ 2M Karras或者UniPC。

如果希望得到高质量的图像，且不关心收敛性，可以选择DPM++ SDE Karras。

7.3.2 迭代步数

在采样方法右侧是迭代步数（Steps）参数的设置，如图7-15所示。

迭代步数 (Steps)　　　　20

图7-15

迭代步数是指在生成图片时进行多少次扩散计算，每次迭代相当于对图像进行一次去噪。迭代的步数越多，花费的时间也越长。

迭代步数并不是越多越好，具体数字的选择和采样方法、参数设置等因素有关，一般在20～50次即可，太少可能会生成尚未完成的模糊的图像，太多则是一种浪费。

图 7-16 展示了使用 DPM++ 2M Karras 采样方法生成一张小狗图片前 20 步迭代的结果。

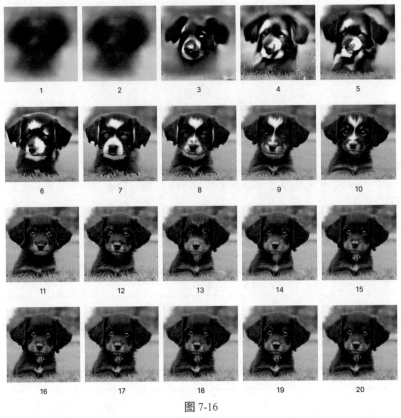

图 7-16

可以看到，在前几步迭代中，图像内容存在严重的问题，第 7 步开始内容基本正常了，但尚未收敛，到第 11 步时绘图便已基本完成，后续的迭代中基本是在调整细节，图像的内容已经没有大的变化。对这个例子来说，迭代 20 步已经足够，后续迭代并不会提升图像的质量。

如果继续迭代下去会怎么样呢？图 7-17 展示了第 20、30、40、50、100、150 次迭代的结果，可以看到，后续迭代中差异已经极小。当然，如果选择了不收敛的采样方法（如祖先采样方法），则后续迭代中图像将会不断随机变化，而不会收敛到一个稳定的值，但这些变化只是随机波动，并不会提升图片的质量。

另外，其他参数也可能影响迭代步数的值。例如后面将要介绍的 CFG 参数，如果设置得较大，可能导致图片模糊，此时可以通过增加迭代步数的方式生成更多细节。

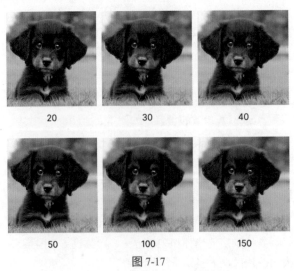

图 7-17

7.3.3　面部修复

在采样方法下面有三个复选框设置，分别是面部修复（Restore faces）、平铺图（Tiling）、高分辨率修复（Hires.fix），如图 7-18 所示。

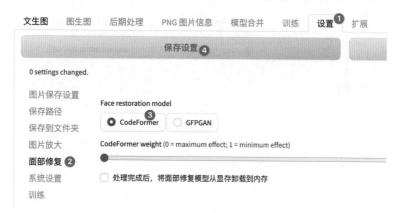

□ 面部修复　　□ 平铺图 (Tiling)　　□ 高分辨率修复 (Hires. fix)

图 7-18

其中"面部修复"使用了额外的模型，可用于修复人物面部的问题。在使用这个功能之前，需要先指定使用的面部修复模型，具体设置位于"设置"面板的"面部修复"页面。目前有 CodeFormer、GFPGAN 两个模型可供选择，默认为 CodeFormer。下方的数值条可以控制 CoderFormer 的权重，设为 0 时效果最强。修改设置后，不要忘记单击"保存设置"按钮，如图 7-19 所示。

图 7-19

启用面部修复可能会对最终产生的图片带来一些不可预知的影响，如果发现影响不是想要的，可以关闭这个选项，或者增加 CodeFormer 权重参数以降低影响。

7.3.4　平铺图

"平铺图"用于生成可以无缝平铺的图案，可用于制作墙纸、印花图案等。

图 7-20 所示是一个例子，生成了一张可以平铺的花卉的图案。

图 7-20

7.3.5 高分辨率修复

"高分辨率修复"功能可用于将生成的图片放大为分辨率更高的高清图片。

Stable Diffusion 的原始分辨率是 512 像素或 768 像素，这个尺寸对大部分实际应用场景来说都太小了，虽然可以在下方的宽度和高度参数中直接设置更大的尺寸，但那样也可能带来新的问题，因为偏离原始分辨率可能会影响构图并生成错误的内容，例如生成的人物有两个头等。这时，就可以先生成较小的正常尺寸的图片，再使用"高分辨率修复"(Hires.fix)功能来放大图片的尺寸。

勾选"高分辨率修复"复选框，界面上会显示更详细的设置项，如图 7-21 所示。

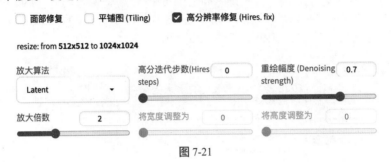

图 7-21

1. 放大算法

首先，需要选择"放大算法"，目前共有 15 种放大算法，如图 7-22 所示。

图 7-22

其中 Lanczos、Nearest 算法是较为传统的算法，仅根据图像的像素值进行数学运算来扩大画面并填充新像素，效果一般，尤其当生成的图像本身就比较模糊时，这些算法无法准确地填充缺失的信息。

ESRGAN 4x 算法倾向于保留精细的细节并产生清晰锐利的图像。

LDSR（Latent Diffusion Super Resolution）是一种潜在扩散模型，质量好但速度非常慢，一般不推荐。

R-ESRGAN 4x+ 是对 ESRGAN 4x 的增强，在处理逼真的照片类图像时表现最佳，如果要放大风格较为真实的图像，推荐使用这个算法。R-ESRGAN 4x+ Anime6B 则是专为二次元图像优化过的算法，处理二次元图像时效果较好。

当然，也可以直接使用默认的 Latent 算法开始，多数情况下它的表现已经足够好。如果对效果不太满意，可再依次尝试其他算法，选择更佳的方案。

2. 迭代步数

"高分迭代步数"(Hires steps)是指放大图像时的采样步数。默认为 0，表示与生成图片时的步数相同，也可以修改为其他值。

该值对最终图像的影响很大，如果步数过多，可能会生成一些奇怪的效果，可以根据具体场景尝试不同的值。

3. 重绘幅度

"重绘幅度"（Denoising strength）也叫去噪强度，控制在执行放大采样之前添加的噪声强度。

对 Latent 系列的放大器来说，这个值在 0.5 ～ 0.8 效果较好，低于 0.5 可能会得到模糊的图像，数值太高则会使图像细节发生很大的变化。

4. 放大倍数以及尺寸

"放大倍数"参数非常直观，就是控制具体要将原图放大多少倍。如果原图尺寸是 512×512，将放大倍数设为 2 时，将得到 1024×1024 的新图。

在放大倍数参数后面是设置宽度和高度的值，也可以调整这两个值，直接指定新图的尺寸。如果设置了具体的宽度和高度值，那么放大倍数参数将失效。

以上就是关于"高分辨率修复"（Hires.fix）功能的介绍，启动此项功能之后，在生成图片时会有两个过程。第一个过程就是普通的图片生成过程，第二个过程则是高分辨率修复过程，如果一切顺利，将得到一张指定分辨率的新图。

除此之外，也可以单击顶部导航栏中的"后期处理"（Extras）标签，在其中上传并放大图片。

7.3.6　宽度和高度

可以指定生成图片的宽度和高度，如图 7-23 所示。

图 7-23

宽度和高度的默认值都是 512，范围为 64 ～ 2048，可以输入范围内的任意值，但需要是 8 的倍数。图片宽度和高度的数值越大，生成时所需要的时间和资源也越多。

另外，Stable Diffusion 最初是基于 256×256 大小的数据集训练的，后来的潜在扩散模型（Laten diffusion model）使用了 512×512 的数据集训练，2.0 之后的版本则使用 768×768 的数据集训练。因此，Stable Diffusion 在生成 512×512 大小的图片时效果更好，2.0 之后的版本中将宽或者高至少一项设为 768 时效果更好。

如果希望生成分辨率较高的图，除了调整宽度和高度，也可以先生成一个尺寸较小的图，然后使用"高分辨率修复（Hires.fix）"等设置项或其他工具来放大图片，以减少资源消耗。

7.3.7　批量生成

可以使用相同的提示词以及参数来批量生成多张图片，每张图片都会有一定变化，不会雷同。在参数设置中有两项与批量生成图片有关，分别是"总批次数"和"单批数量"，如图 7-24 所示。

图 7-24

两者的含义分别如下。

总批次数：一共执行多少次生成任务，默认值为 1，最大值为 100。

单批数量：每次任务生成多少张图片，默认值为 1，最大值为 8。

其中生成图片的总数为两者相乘，即如果总批次数为 3，单批数量为 4，那么总共生成的图片数将是 3×4=12 张。

如果需要批量生成 4 张图片，设置"总批次数为 4、单批数量为 1"和设置"总批次数为 1、单批数量为 4"效果是一样的，但后者会更快一些，同时后者也需要更大的显存支持。

批量生成时，随机数种子参数（Seed）的值会不断递增，即第二张图的种子值是第一张图的种子值 +1，第三张图的种子值是第二张图的种子值 +1，以此类推。这个特性可以保证批量生成的图片产生变化，但又不至于变化太大。

7.3.8 CFG Scale

CFG Scale（Classifier Free Guidance scale）参数指定提示词的权重影响，默认值为 7，如图 7-25 所示。

CFG Scale	7

图 7-25

理论上，CFG 值越高，AI 就会越严格地按照提示词进行创作，CFG 值越低，AI 会越倾向于自由发挥。如果 CFG 值为 1，AI 会几乎完全自由地创作，而值高于 15 时，AI 的自由度将非常有限。

在 Web UI 中，CFG 值的范围为 1 ~ 30，可以满足绝大部分应用场景，不过如果通过终端使用 Stable Diffusion，则最高可以将 CFG 设为 999，还可以设为负值。当 CFG 的值为负数时，Stable Diffusion 将生成与提示词相反的内容，类似使用反向提示词。

当 CFG 值设置得较高时，输出图像可能会变得模糊，细节丢失，此时，可以通过增加采样迭代步数或者更改采样方法来修复问题。

图 7-26 演示了 CFG 值较高时，迭代步数（Step）对图像的影响。可以看到，迭代步数为 20 时，图像部分区域太亮，缺少细节，同时小狗似乎多了一只前脚。迭代步数提高到 30、40 之后，图像细节就改善了很多。

CFG=30, Step=20　　　CFG=30, Step=30　　　CFG=30, Step=40

图 7-26

CFG 值以及影响的参考如下。
- 1：基本上忽略提示词。
- 3：参考提示词，但更有创意。
- 7：在遵循提示词和自由发挥之间的良好平衡。
- 15：更遵守提示词。
- 30：严格按照提示词操作。

多数情况下，CFG 的数值为 7 ~ 10 是一个较为合适的选择。

7.3.9 随机数种子

种子（Seed）在 Stable Diffusion 中是一个非常重要的概念，可以大致理解为图片的特征码，如果想重复生成某张图片，除了使用相同的提示词、采样方法、迭代步数等参数，种子也必须要保持一致。

随机数种子的设置组件如图 7-27 所示。

图 7-27

默认情况下，随机数种子显示为 -1，表示每次都使用一个新的随机数。控件旁边的骰子按钮（🎲）表示种子使用随机值，单击之后随机数种子输入框会显示 -1。绿色循环箭头按钮（♻）则表示使用上一次生成图像的种子值，可用于重现结果。

在查看生成的图片时，可以发现图片的文件名可能类似"00072-3374807977.png"，其中前面的"00072"表示这是今天生成的第 73 张图片（编号从 0 开始，第一张图片是"00000"，第二张图片是"00001"），后面的"3374807977"即是这张图片的种子值。

可以在随机数种子输入框中输入具体的种子值，例如"3374807977"，以便重新生成指定的图片。

勾选随机数种子设置项最右侧的复选框，可以打开扩展栏，如图 7-28 所示。

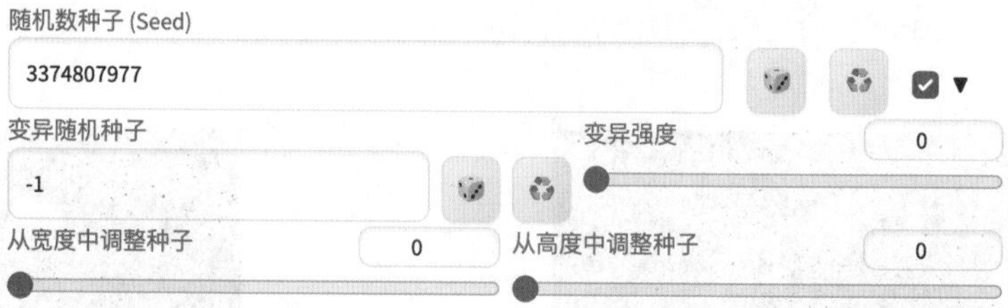

图 7-28

其中变异随机种子（Variation seed）和变异强度（Variation strength）两个值需要配合调整，调整这两个值，可以生成介于两张图片中间的图。其中变异强度的值范围为 0 ~ 1，0 表示完全不变异，1 表示完全变异。

例如使用两个随机数分别获得了两张小狗的图像，如图 7-29 和图 7-30 所示。

图 7-29

种子：3374807977

图 7-30

种子：3374807978

将"3374807977"和"3374807978"分别填入随机数种子（Seed）和变异随机种子（Variation seed）栏，然后调整变异强度的值从 0 逐步过渡到 1，便可以得到介于上面两张图片中间的新图，如图 7-31 所示。

需要注意的是，如果两张图差异过大，那么中间的过渡图片中可能会出现一些奇怪的内容。

从宽度 / 高度中调整种子是另一个实用功能。有时可能想调整一张图片的尺寸，即使已经输入了固定的种子值，但在 Stable Diffusion 中，调整尺寸也会让图片内容发生较大变化，这时，就可以使用从宽度 / 高度中调整种子的功能。

变异强度：0　　　　　变异强度：0.33　　　　变异强度：0.66　　　　变异强度：1

图 7-31

下面来看一个例子。

图 7-32 所示为原图，尺寸是 512×512，固定提示词、种子等参数，将它的尺寸改为 512×768。如果直接修改尺寸，将得到图 7-33 所示的结果，可以看到，图片内容与原图差别很大，不但小狗的毛色变了，连数量都发生了变化。

图 7-32
原图（512×512）

图 7-33
未从宽度 / 高度中调整种子
（512×768）

此时，可以从宽度 / 高度中调整种子，将宽度和高度设为原图的值，如图 7-34 所示，随后生成的图片结果如图 7-35 所示。可以看到，虽然小狗的模样仍然发生了变化，但也保留了原图中小狗的很多特征，例如毛色。如果提示语对小狗的外貌描述得更详细，甚至可以得到更好的效果。

图 7-34

图 7-35

从宽度 / 高度中调整种子

（512×768）

7.4
本章小结

本章介绍了如何在本地安装 Stable Diffusion Web UI——一款专为 Stable Diffusion 打造的可视化操作界面应用，本书关于 Stable Diffusion 的功能介绍基本都将基于这个应用。

接着介绍了 Stable Diffusion 的基本用法，使用 Stable Diffusion 画图很简单，只需选择模型，输入提示词描述想要的内容即可。另外，还可以添加反向提示词，告诉 AI 画面中不要出现什么。

和 Midjourney 不同，Stable Diffusion 有很多参数设置项，本章中介绍了各个常用的参数，包括采样方法、迭代步数、CFG Scale、随机数种子等参数的含义以及设置。可以先从各项参数的默认值开始，如果想更细致地控制绘画结果，那么了解这些参数的作用将很有帮助。

通过本章的学习，读者应该已经掌握了 Stable Diffusion 的基本用法，并能够运用这一技术进行创作。

第 8 章
Stable Diffusion 创作实例

第 7 章介绍了 Stable Diffusion 的安装以及基本用法，本章将继续深入，介绍模型的基本概念以及提示词的使用技巧。随后将再通过几个具体的例子展示 Stable Diffusion 的创作能力。

8.1 模型

在使用 Stable Diffusion 进行创作时，选择合适的模型至关重要。模型能生成的图像元素及样式取决于其训练时所用的数据，因此，不同的模型在不同领域具有各自的优势，例如有的模型擅长绘制逼真的人物，有的则擅长绘制动漫角色等。当然，也有一些全能型模型，能应对大多数常见主题的绘制，不过在已经确定了绘画的主题或者风格的情况下，选择专门针对该领域进行训练或强化的模型往往能获得更好的效果。

可以说，使用 Stable Diffusion 绘画的第一步，就是选择合适的模型。

下面就来介绍模型的基础知识。

8.1.1 基础模型

Stable Diffusion 官方推出了几款基础模型，主要包括 v1.4、v1.5、v2.0、v2.1 等，这些模型有时也被称为通用模型，其他自定义模型基本都是基于这些模型训练的。

可以从 Hugging Face 或 Civitai 网站下载各种公开发布的模型，例如 Stable Diffusion v1.5 基础模型的项目地址为 https://huggingface.co/runwayml/stable-diffusion-v1-5，访问这个页面，单击"Files and versions"标签可切换到文件下载页面，如图 8-1 所示。

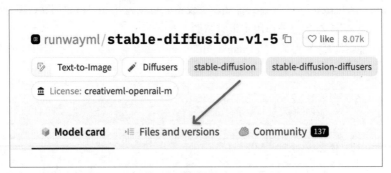

图 8-1

在这个页面可以看到模型项目的文件列表，如图 8-2 所示。

以".ckpt"或".safetensors"结尾的文件即为模型文件，这两种格式在功能和用法上相同，其中".ckpt"格式老旧一些，可能存在安全漏洞。如果同时提供了两种格式，建议下载".safetensors"格式的版本，例如下载"v1-5-pruned-emaonly.safetensors"文件。

v1.4 及 v1.5 模型目前仍然很流行，刚开始学习 Stable Diffusion 可以从 v1.5 模型开始。v2.0 和 v2.1 模型中除了支持生成 512×512 分辨率的图像，还支持生成 768×768 分辨率的图像。

图8-2

虽然 v2.0 和 v2.1 版本相比更新，但普遍认为它们的效果并没有显著提升，甚至一些场景下 v2.0 可能表现更差。v2.1 做了一些改进，不过目前 v1 仍是最受欢迎的版本，很多自定义模型都是基于 v1.4 或 v1.5 训练的。

8.1.2　模型分类

模型按照内容以及作用，可以大致分为以下几类。

1. 大模型

大模型也叫底模型，后缀一般是 .ckpt 或 .safetensors，它包含生成图像所需的一切数据，可以单独使用，同时尺寸较大，通常有几 GB。前面提到的 Stable Diffusion v1.5 模型就是大模型，另外，也可以从 Hugging Face 或 Civitai 网站下载其他人发布的各种风格的大模型。

下载大模型后，可将文件放在 Web UI 安装目录下的"models/Stable-diffusion"文件夹下。

2. LoRA 模型

LoRA（Low-Rank Adaptation）模型可以被认为是大模型的补丁，用于修改或优化图像的样式，例如一些 LoRA 模型可以给图像添加细节；一些 LoRA 可以让生成的图片具有胶片拍摄的风格；还有一些可以给人物添加中式武侠风格等。

它们的尺寸通常为几十 MB 至几百 MB，需要和大模型一起使用，不能单独使用。

下载 LoRA 模型后，可将文件放在 Web UI 安装目录下的"models/Lora"文件夹下。

3. VAE 模型

VAE（Variational Autoencoder，变分自编码器）模型后缀一般是 .pt，作用类似于图像滤镜，可用于调整画面风格，还能对内容进行微调。

部分大型模型自带 VAE 功能，因此使用不合适的 VAE 可能会导致图像质量降低。

可将 VAE 的文件放在 Web UI 安装目录下的"models/VAE"文件夹下。

4. Embedding 模型

Embedding 模型也称为文本反转（Textual inversions），用于定义新的提示词关键字，通常尺寸为几十 KB 到几百 KB。例如用某个角色的图片训练了一个新的 Embedding 模型时，将它命名为 MyCharacter 并安装，之后就可在提示词中通过"MyCharacter"关键词来引入这个角色。

Embedding 模型的文件一般放在 Web UI 安装目录下的"embeddings"文件夹下。

5. Hypernetworks

Hypernetworks 模型后缀名一般是 .pt，通常尺寸为几 MB 到几百 MB，是添加到大模型的附加网络模型。

这类模型的文件一般放在 Web UI 安装目录下的"models/hypernetworks"文件夹下。

8.2 提示词

Stable Diffusion 的核心功能是根据文本生成图像。在选定模型之后，关键是编写合适的提示词。提示词是一段描述想要绘制的内容的文本，它将直接影响最终图像的内容和效果，因此，掌握提示词的写法对生成理想的图像非常重要。

8.2.1 提示词的组成

提示词可以包含以下内容。

- **主题**（必须）：即图片的内容，描述你想画的具体是什么事物。
- **媒体类型**：指定图片的形式，例如 photo（照片）、oil painting（油画）、watercolor（水彩画）等。
- **风格**：以什么样的风格进行绘制，例如 hyperrealistic（超现实的）、pop-art（流行艺术）、modernist（现代派）、art nouveau（新艺术风格）等。
- **艺术家**：可以指定一位艺术家的名字，让 AI 以该艺术家的风格进行绘制。需要模型中有该艺术家的风格数据方可指定，例如 Picasso（毕加索）、Vincent van Gogh（梵高）等知名艺术家。
- **网站**：以什么网站的风格进行绘制，例如 pixiv（日本动漫风格）、pixabay（商业库存照片风格）、artstation（现代插画、幻想）等。
- **分辨率**：指定图片的分辨率，会影响图片的渲染细节，例如 unreal engine（Unreal 游戏引擎风格，可用于渲染非常逼真和详细的 3D 图片）、sharp focus（锐利对焦）、8k（提高分辨率）、vray（虚拟现实，适合渲染 3D 的物体、景观、建筑等）等。
- **额外细节**：为图像添加额外的细节，例如 dramatic（戏剧性，增强脸部的情绪表现力）、silk（使用丝绸服装）、expansive（背景更大，主体更小）、low angle shot（从低角度拍摄）、god rays（阳光冲破云层）、psychedelic（色彩鲜艳且有失真）等。
- **颜色**：为图像添加额外的配色方案，例如 iridescent gold（闪亮的金色）、silver（银色）、vintage（复古效果）等。

其中除了主题是必须，其余部分都是可选的。

例如，如果想要绘制一张一只猫站在书本上的图片，可以这样编写提示词：

a cat standing on a book

单击 Web UI 上的"生成"按钮，得到的图片如图 8-3 所示。

图 8-3

如果想要把图片变成油画风格，只需在提示词中添加相关的关键词即可，此时关键词如下，注意其中加粗的部分：

a cat standing on a book, **oil painting**

单击"生成"按钮，得到的图片如图8-4所示。

图8-4

尽管图片的效果还不是很好，但重点是我们通过关键词的确把图片变成了油画风格。

还可以进一步，例如模拟梵高的风格，将关键词修改如下，注意其中加粗的部分：

a cat standing on a book, oil painting, **Vincent van Gogh**

单击"生成"按钮，得到的图片如图8-5所示。

图8-5

可以看到，画面的笔触的确呈现出了梵高的风格。

还可以继续添加关键词，生成其他风格的图片。

8.2.2 权重

提示词的各个关键词可以调整权重，使用小括号包裹的关键词权重会增加，使用中括号包裹的关键词权重则减少。

具体规则如下。

1. 增加权重

如果要增加某个关键词的权重，可以使用半角小括号将它包裹起来，例如"（关键词）"。

默认情况下，小括号包裹起来的关键词的权重会增加10%，即变为原来的1.1倍。还可以直接在括号末尾添加一个数字以指定权重。

表8-1所示为一些具体的示例。

表 8-1

示　例	说　明
（关键词）	权重为 1.1
（关键词 :1.1）	权重为 1.1，与上一条示例效果相同
（关键词 :1.5）	权重为 1.5
（（关键词））	权重为 1.1×1.1=1.21
（（（关键词）））	权重为 1.1×1.1×1.1=1.331

2. 减少权重

如果要减少某个关键词的权重，可以使用半角中括号将它包裹起来，例如 "[关键词]"。

默认情况下，中括号包裹起来的关键词的权重会减少10%，即变为原来的90%。减少权重与增加权重语法类似，如表8-2所示。

表 8-2

示　例	说　明
[关键词]	权重为 0.9
[关键词 :0.9]	权重为 0.9，与上一条示例效果相同
[关键词 :0.5]	权重为 0.5
[[关键词]]	权重为 0.9×0.9=0.81
[[[关键词]]]	权重为 0.9×0.9×0.9=0.729

3. 示例

下面来看一个例子，如果想生成一张有猫和花的照片，提示词如下：

A cat, flower, photo

得到的图片如图 8-6 所示。

图 8-6

如果希望增加花的比重，那么就可以在提示词中增加花的权重，同时保持其他设置以及随机数种子不变。新的提示词如下：

A cat, (flower:1.2), photo

得到的新图如图 8-7 所示。

图 8-7

可以看到，花在画面中的比重增加了。

8.2.3　渐变

提示词支持一种叫作"渐变"的语法，可以在绘制图像时将一个元素渐变为另一个元素。具体语法为 [关键词 1: 关键词 2: 因子]。

其中因子是一个 0 ～ 1 的数字，例如 0.5，这个数字表示"关键词 1"所占的比重，数字越小最终的结果越偏向"关键词 1"，数字越大最终的结果越偏向"关键词 2"。

用这个方法，可以生成一张同时具有两个人外貌特征的面孔，例如"[名人 1: 名人 2:0.5]"将生成一张新的面孔，相貌介于名人 1 和名人 2 之间，当然，需要所使用的模型中有这两位名人的数据。

甚至还可以这样写: [老人 : 名人 :0.5]，即前一个关键词只是泛称，例如"old man"，模型将自动生成一个老年男子的相貌，但后一个关键词是具体的人名，例如"Albert Einstein"（阿尔伯特·爱因斯坦），模型会将前面生成的相貌向指定的名人的相貌渐变。

图 8-8 ～图 8-10 是一个具体的例子，可以看到，从左到右，随着渐变因子的值从 0.75 下降到 0.25，第二个关键词"Albert Einstein"的权重也越来越高，图像中人物的相貌也越接近 Albert Einstein。

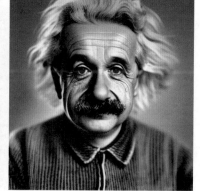

[old man:Albert Einstein:0.75]　　　　[old man:Albert Einstein:0.5]　　　　[old man:Albert Einstein:0.25]

图 8-8　　　　　　　　　　　　　　　图 8-9　　　　　　　　　　　　　　　图 8-10

8.2.4　使用 LoRA

在提示词中使用 LoRA 模型来调整生成图像的内容或风格时，使用 LoRA 的语法为 <lora: 文件名 : 权重 >。

其中"文件名"即是 LoRA 模型文件的名字，不包含扩展名；权重是一个不小于 0 的数字，默认值为 1，设为 0 表示不使用该 LoRA，也可以设为比 1 大的数字来表示更大的权重，不过权重过大时可能会对画面起到反效果，用户可根据自己的需求以及具体 LoRA 的表现来调整权重值以获得最佳效果。也可以同时使用多个 LoRA，它们的效果将会叠加。

一些 LoRA 只需在提示词中包含 <lora: 文件名 : 权重 > 语法即可，也有一些 LoRA 带有触发词，除了 LoRA 调用语法外还必须在提示词中包含指定的触发词方能生效。在 LoRA 的下载页面或者描述文档中一般可以看到关于触发词的说明。

即使记不住已安装的 LoRA 的文件名也没关系，只需单击界面右上角"生成"按钮下方的"显示 / 隐藏额外网络"（Show/hide extra networks）按钮，在提示词下方就可以显示或隐藏额外网络面板，单击其中的"Lora"选项卡，即可看到当前所有安装的 LoRA，如图 8-11 所示。

图 8-11

在这个界面，单击一个 LoRA 卡片，即可在提示词输入框自动添加对该 LoRA 的引用。例如"<lora:add_detail:1>"，表示使用"add_detail"这个 LoRA，权重为 1。之后可以根据需要手动调整权重值数字。

当使用基础模型总是得不到理想效果时，不妨试一试各种 LoRA，合适的 LoRA 可能会给图像效果带来惊人的提升。

8.3 创作流程

下面将通过一个具体的例子演示在 Stable Diffusion 中的基本的创作流程。

8.3.1　生成图像

如果要生成一个女孩正在图书馆读书的图片，可以使用以下模型以及设置进行绘制。

模型：Reliberate[①]

采样方法：DPM++ 2M Karras

迭代步数：25

①扫码查看

提示词：

a girl, setting in a library, reading a book, smile

反向提示词：

disfigured, ugly, bad, immature, cartoon, anime, 3d, painting, b&w

其中提示词描述了想要生成的内容：一个女孩，坐在图书馆中，正在读书，微笑。同时，为了避免生成的图像质量太差，或者可能生成我们不想要的风格，还可以添加反向提示词，各关键词的含义为：disfigured（毁容的），ugly（丑陋的），bad（不好的），immature（不成熟的），cartoon（卡通），anime（动画），3d（3D），painting（绘画），b&w（黑白）。

用户可以根据自己的需求添加反向提示词，此处由于想要生成的图片更像照片，在反向提示词中添加了cartoon、anime、3d、painting 等词，但如果想要生成卡通网格的图片，则需要去掉这些词。

生成的图片如图 8-12 和图 8-13所示。

图 8-12

图 8-13

在图 8-13 中，小女孩的手指有一些问题，这是 AI 绘画目前的通病，常常无法正确处理人物的手指。解决方法通常有下面几个。

- 避免画面中出现手指，例如只绘制半身像，或者让人物将手背在身后等。
- 在反向关键词中添加"bad hand"（糟糕的手部）、"extra fingers"（额外的手指）等关键词，但有时即使加了这些词仍然可能会生成错误的手部。
- 多次生成图像，直到生成没有明显问题的版本。
- 使用 Web UI 的"局部重绘"功能，重绘手指部分。
- 将图片导出到 Photoshop 等外部软件，手动修改。

下面将着重介绍如何使用"局部重绘"功能来对手部等细节进行调整。

8.3.2 细节调整

有时生成的图像在整体上非常符合期望，但在一些细节上存在问题，如果重新生成新图，虽然那些问题可能会因为随机变化而消失，但也可能会产生新的细节问题，甚至可能新图的整体效果还不如之前。此时，就可以考虑使用"局部重绘"功能来调整修复图像中有问题的部分。

在 Web UI 的"文生图"界面，生成图像之后，单击图像预览面板下方的">> 重绘"按钮，即可将当前选中的图像发送到"图生图"界面的重绘面板，如图 8-14 所示。

当然，也可以直接单击"图生图"界面，再单击选中"局部重绘"选项卡，上传需要修改的图片。

图 8-14

在"局部重绘"面板，可以使用鼠标将需要重绘的部分涂黑，如图 8-15 所示底部红框中的部分。
图像下方还有很多参数项，可以根据需要调整，也可以保持默认。

图 8-15

不过，"局部重绘"具有随机性，并不能保证一定获得期望的效果，有时甚至还会得到更糟的图像，可能需要多试几次才能得到理想的结果。图 8-16 和图 8-17 所示是原图与局部重绘后的图的对比。

图 8-16　原图

图 8-17　局部重绘后的图

8.3.3　其他调整

当前使用的模型 Reliberate 在画人时会默认使用欧美白人的相貌，那么如何绘制其他种族的人呢？我们只需在提示词中添加一个"Asian"（亚洲人），即可将人物变成亚洲人的长相。

提示词：

a girl, Asian, setting in a library, reading a book, smile

反向提示词：

disfigured, ugly, bad, immature, cartoon, anime, 3d, painting, b&w, bad hand, extra fingers

保持与刚才相同的随机数种子（seed），单击"生成"按钮，得到的图片如图 8-18 所示。

图 8-18

可以看到，图像中的场景和之前很相似，但人物变成了一位亚洲女孩。另外，新图中人物的手指仍然有问题，需要继续调整，具体操作此处不再赘述。

以上就是在 Stable Diffusion 中绘制图片的常见流程。有时可以直接得到完美的图像，有时则需要反复调整才能得到满意的结果。

8.4
人物肖像

Stable Diffusion 有很多擅长绘制人物肖像的第三方模型，下面将介绍肖像画绘制。

8.4.1 示例1：年轻女子1

模型：

Reliberate

提示词：

A close up portrait of young woman looking at camera, long haircut, bangs, slim body, dark theme, soothing tones, muted colors, high contrast, (natural skin texture, hyperrealism, soft light, sharp), (((perfect face))), grunge clothes, Sony a7ii

反向提示词：

nsfw, disfigured, ugly, bad, immature, cartoon, anime, 3d, painting, b&w, bad anatomy, wrong anatomy, ((bad hand)), ((extra fingers))

生成的图片如图 8-19 和图 8-20 所示。

图 8-19

图 8-20

8.4.2 示例2：年轻女子2

这个例子与示例 1 的提示词以及反向提示词完全一样，唯一不同的是模型换成了 majicMIX realistic[1]，生成的图片如图 8-21 和图 8-22 所示。

图 8-21

图 8-22

①扫码查看

可以看到，即使提示词以及所有参数都相同，只要模型不一样，生成的图像内容及风格就会不同。由于训练素材的差异，示例1使用的模型Reliberate默认生成欧美面孔，而majicMIX realistic则默认生成亚洲面孔。

8.5 动漫风格

Stable Diffusion也有大量的动漫风格模型，无论是日本动漫风格还是迪士尼3D动画风格，使用这些模型都可以轻松生成。

8.5.1　示例1：红发少年

模型：

MeinaMix[①]

提示词：

1boy, portrait, pompadour hair, red hair, little smile, yellow eye, black jacket, medieval, village burning at night

反向提示词：

EasyNegativeV2

采样方法：

DPM++ SDE Karras

生成的图片如图8-23和图8-24所示。

①扫码查看

图 8-23

图 8-24

8.5.2　示例2：紫发少女

②扫码查看

模型：

GhostMix[②]

提示词：

(masterpiece, top quality, best quality, official art, beautiful and aesthetic:1.2), (fractal art:1.3), 1girl, beautiful, high detailed, purple hair with a hint of pink, pink eyes, dark lighting, serious face, looking the sky, sky, medium shot,

black sweater, jewelry

反向提示词：

badhandv4, easynegative, ng_deepnegative_v1_75t, semi-realistic, sketch, duplicate, ugly, huge eyes, text, logo, worst face, (bad and mutated hands:1.3), (worst quality:2.0), (low quality:2.0), (blurry:2.0), horror, ((geometry)), bad_prompt, (bad hands), (missing fingers), multiple limbs, bad anatomy, (interlocked fingers:1.2), Ugly Fingers, (extra digit and hands and fingers and legs and arms:1.4), ((2girl)), (deformed fingers:1.2), (long fingers:1.2),(bad-artist-anime), bad-artist, bad hand, extra legs, furry, animal_ear, nsfw

采样方法：

DPM++ 2M Karras

这里为了避免生成不合适的图片，在反向提示词中添加了关键词"nsfw"（Not Safe/Suitable For Work）。

生成的图片如图 8-25 和图 8-26 所示。

图 8-25

图 8-26

8.5.3　示例 3：迪士尼 3D 风格

①扫码查看

模型：

Disney Pixar Cartoon Type A [①]

提示词：

1girl, holding a camera, bangs, beach, blue_sky, blush, bow, checkered, checkered_shirt, checkered_skirt, cloud, cloudy_sky, grass, hair_bow, heart, holding, holding_letter, horizon, masterpiece, high quality best quality, leaning_forward, lens_flare, light_rays, long_hair, looking_at_viewer, mountain, mountainous_horizon, ocean, outdoors, plaid, plaid_background, plaid_bow, plaid_bowtie, plaid_dress, plaid_headwear, plaid_jacket, plaid_legwear, plaid_necktie, plaid_neckwear, plaid_panties, plaid_pants, plaid_ribbon, plaid_scarf, plaid_shirt, plaid_skirt, plaid_vest, pov, shirt, skirt, sky, smile, solo, sun, sunbeam, sunlight, tree, unmoving_pattern

反向提示词：

EasyNegative, bad-hands-5, badhandv4, drawn by bad-artist, sketch by bad-artist-anime, (bad_prompt:0.8), (artist name, signature, watermark:1.4), (ugly:1.2), (worst quality, poor details:1.4), blurry

采样方法：

Euler a

生成的图片如图 8-27 和图 8-28 所示。

图 8-27

图 8-28

8.6
幻想风格

幻想风格（Fantasy style）是指一种描绘虚构世界、神秘生物、奇幻景象或超自然现象的艺术风格，通常出现在奇幻文学、电影、游戏和艺术作品中。

在 Stable Diffusion 中，可以尽情发挥想象力，生成各种幻想风格的图片。

8.6.1 示例 1：女神

模型：

GhostMix

提示词：

(masterpiece, top quality, best quality, official art, beautiful and aesthetic:1.2), (1girl), extreme detailed, (fractal art:1.3), colorful, highest detailed

反向提示词：

(worst quality, low quality:2), monochrome, zombie, overexposure, watermark, text, bad anatomy, bad hand, extra hands, extra fingers, too many fingers, fused fingers, bad arm, distorted arm, extra arms, fused arms, extra legs, missing leg, disembodied leg, detached arm, liquid hand, inverted hand, disembodied limb, loli, oversized head, extra body, completely nude, extra navel, easynegative, (hair between eyes), sketch, duplicate, ugly, huge eyes, text, logo, worst face, (bad and mutated hands:1.3), (blurry:2.0), horror, geometry, bad_prompt, (bad hands), (missing fingers), multiple limbs, bad anatomy, (interlocked fingers:1.2), Ugly Fingers, (extra digit and hands and fingers and legs and arms:1.4), ((2girl)), (deformed fingers:1.2), (long fingers:1.2),(bad-artist-anime), bad-artist, bad hand, extra legs, (ng_deepnegative_v1_75t), nsfw

采样方法：

DPM++ 2M Karras

生成的图片如图 8-29 和图 8-30 所示。

图 8-29 图 8-30

8.6.2 示例2：天使

模型：

GhostMix

提示词：

(masterpiece, top quality, best quality, official art, beautiful and aesthetic:1.2), (fractal art:1.3), (1girl), angel, very long hair, absurdly detailed clothes, in the sky, detailed cloud, sunny day, (colorful:1.2), highest detailed, cinematic light, (magical portal), holy light, (golden particles), (light beams)

反向提示词：

(worst quality, low quality:2), watermark, (text), bad anatomy, ((bad hand)), extra hands, extra fingers, fused fingers, bad arm, extra arms, fused arms, extra legs, missing leg, liquid hand, inverted hand, disembodied limb, oversized head, extra body, completely nude, (hair between eyes), duplicate, huge eyes, logo, worst face, (bad and mutated hands:1.3), (missing fingers), (interlocked fingers:1.2), (Ugly Fingers), (deformed fingers:1.2), (long fingers:1.2), easynegative, ng_deepnegative_v1_75t

采样方法：

DPM++ 2M Karras

生成的图片如图 8-31 和图 8-32 所示。

图 8-31 图 8-32

8.6.3　示例3：恶魔

模型：

majicMIX realistic

提示词：

(Masterpiece, Top Quality, Best Quality, Official Art, Aesthetics :1.2), (A Girl :1.3), from behind, bust, red and black clothes, (Fractal Art :1.3), Movie Light, (Hell Building), Death Light, ((red Particles):1.2), Demon, Moon, clouds, Bright Moonlight Skull, Very long hair, clothes with ridiculous Details, Whirlwinds, <lora:more_details:0.5>

反向提示词：

(worst quality, low quality:1.4), easynegative, nsfw

采样方法：

DPM++ 2M Karras

①扫码查看

此处，提示词中的<lora:more_details:0.5>表明使用了LoRA，模型为more_details[①]，权重为0.5。

生成的图片如图8-33和图8-34所示。

图 8-33

图 8-34

8.7 本章小结

模型、提示词是Stable Diffusion创作的核心，对结果图像有着举足轻重的影响，多数情况下，绘制图像的第一步就是确定使用哪个模型。模型分为大模型、LoRA模型等几类，其中大模型可以单独使用，LoRA模型等则需要与大模型配合使用。

提示词描述了图像的内容，可以增加或减少某个关键词的权重，还可以让两个关键词在迭代过程中交替出现，用于融合两个不同人物的相貌等场景。

本章还展示了几个具体的创作实例，通过这些例子，读者应该对Stable Diffusion能画什么以及怎么画有一个基本的了解。限于篇幅，本章只举了有限的几个例子，事实上只要使用合适的模型以及提示词，Stable Diffusion几乎可以生成任何风格和类型的图像。在Civitai等网站上有很多来自世界各地的创作者分享他们的作品，在这些站点可以看到更多的实例，学习更多的技巧。

第 9 章
Stable Diffusion 进阶用法

通过上一章的学习，读者应该已经了解了如何使用 Stable Diffusion 进行绘画，借助合适的模型和恰当的提示词，可以绘制出任意风格和主题的图像。

然而，用户可能还希望做更多的事，例如如何重现之前的作品，如何对已有图像进行小幅修改，或者如何指定画面人物的姿势，等等。这些需求可以实现吗？答案是肯定的。

本章将继续深入，进一步介绍 Stable Diffusion 的高级功能。这些功能可以帮助创作者更好地完成想要表达的内容，在创作中获得更多的自由。

9.1
获取图片提示词

在想要重绘某张图片，但是忘记了或者不知道相应的提示词时，该怎么办呢？不必担心，Stable Diffusion 提供了工具，可以从图片中读取或者反推提示词。

下面介绍具体的操作方法。

9.1.1 使用 Stable Diffusion 生成的图片

如果想要重绘的图像本身就是使用 Stable Diffusion 生成的，那么操作将会很简单，因为 Stable Diffusion 在绘制图像时会将相关的信息保存在图片文件的元信息中，这些信息可以在 Web UI 中再次读取。

例如，图 9-1 所示是一张由 Stable Diffusion 生成的图片，如果想知道生成它时使用的提示词以及参数，只需在 Web UI 中打开"PNG 图片信息"面板，将这张图片上传上去，即可在右侧看见它的生成信息，如图 9-2 所示。

通过这种方式，可以很方便地查看图片的提示词。除此之外，甚至还可以看到图片生成时使用的反向提示词、迭代步数、采样方法、CFG、随机数种子、尺寸、模型等信息。

图 9-1

parameters

young 1girl with braided hair, dressed in white shirt, standing in a rustic farm setting, looking at viewer, black hair, perfect skin. She has a soft, gentle smile, expressive eyes. The background features a charming barn, fields of golden wheat, and a clear blue sky. The composition should be bathed in the warm, golden hour light, with a gentle depth of field and soft bokeh to accentuate the pastoral serenity. Capture the image as if it were taken on an old-school 35mm film for added charm, <lora:FilmVelvia2:1>
Negative prompt: nsfw, disfigured, ugly, bad, immature, cartoon, anime, 3d, painting, b&w, bad anatomy, wrong anatomy, ((bad hand)), ((extra fingers))
Steps: 20, Sampler: DPM++ SDE Karras, CFG scale: 7, Seed: 1559858416, Size: 512x512, Model hash: 33c9f6dfcb, Model: majicMIX realistic, Denoising strength: 0.7, Hires upscale: 2, Hires upscaler: Latent, Lora hashes: "FilmVelvia2: 142628a09ce9", Version: v1.3.2

图 9-2

不过，Web UI 中的这个工具只是简单地从 PNG 图片的元信息中读取之前保存的参数信息，而并非通过分析图像的内容来获得相关信息，因此，如果对应的图片不是由 Stable Diffusion 生成的，或者虽然是由 Stable Diffusion 生成的，但是经过了压缩或者修改丢失了元信息，那么就无法使用这个功能。在这种情况下，需要将它当作普通图片，使用下面介绍的方法。

9.1.2 其他图片

在 Web UI 的"图生图"界面提示词输入框旁边有两个按钮，分别为"CLIP 反推提示词"和"DeepBooru 反推提示词"，如图 9-3 所示，这两个按钮的功能都是从图片中反推提示词。

图 9-3

要使用这个功能，只需在"图生图"面板上传需要分析的图片，随后单击"反推提示词"按钮即可。

下面来看一个例子，在"图生图"面板上传名画《蒙娜丽莎》，如图 9-4 所示。

上传之后，单击"CLIP 反推提示词"按钮，稍等片刻（首次使用时需要从网络下载模型，可能耗时较长）即可得到类似下面的提示词：

a painting of a woman with long hair and a smile on her face, with a green background and a blue sky, Fra Bartolomeo, a painting, academic art, da Vinci

（翻译：一幅长头发的女人的画，脸上带着微笑，绿色的背景和蓝天，Fra Bartolomeo，一幅画，学术艺术，达·芬奇）

可以看到，它的确反推出了对《蒙娜丽莎》图像内容的描述，甚至还识别出了作者可能是达·芬奇（da

Vinci）。当然，也有一些不足，描述有点过于简单，甚至还犯了一些错误，例如提到了另一位不相关画家 Fra Bartolomeo 的名字。

再试试单击"DeepBooru 反推提示词"按钮，得到类似下面的提示词：

1girl, bound, dress, lying, on_back, realistic, solo, space, star_\(sky\), starry_sky

（翻译：一个女孩，束缚，连衣裙，躺着，仰卧，逼真，独奏，太空，星空，星空）

可以看到，DeepBooru 的输出以简短的关键词为主，准确性上似乎不是很高。

使用这两个按钮，可以从任意图像中反推提示词。然而，现阶段这两个反推功能并不完全可靠，可能会遗漏信息，或者对某些元素产生误判，因此，在技术进一步突破之前，反推得到的结果通常只能作为参考，使用前还需仔细检查。

图 9-4

9.2
图像扩展

图像扩展是一个有趣的功能，可以让 AI 将现有图像扩大，它并不是指尺寸的等比例放大，而是让 AI 通过算法，在现有图像的边缘补充内容，从而扩展图像的边界。

仍然以图 9-1 为例，在"图生图"界面上传这张图片，单击选择合适的模型，填入对应的提示词、反向提示词等信息。

如果忘记了或者不知道提示词，可参考 9.1 节的内容获取图片的提示词。

图像扩展和绘制图片一样，受模型、提示词的影响很大，因此需要选择风格尽可能接近的模型，同时填写尽可能准确的提示词。

可以扩展任何图像，不过要获得最佳效果，最好是扩展由 Stable Diffusion 生成的图片，并且模型、提示词、采样算法等参数也与图片生成时保持一致。

设置好基本信息后，下拉页面，在参数设置的最下方单击"脚本"下拉框，可以看到几个可选的脚本，如图 9-5 所示。

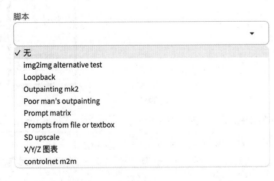

图 9-5

选项中的"Outpainting mk2""Poor man's outpainting"两项都可用于图像扩展，效果略有不同，用户可以分别尝试来选择合适的脚本。

这里，我们选择"Poor man's outpainting"脚本，此时下方会出现更多相关参数，如图 9-6 所示。

接下来选择想要扩展的方向。本例准备向上、下两个方向扩展，因此只勾选了"up""down"复选框，用户可以根据需要勾选想要的扩展方向。

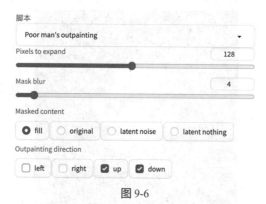

图 9-6

单击"生成"按钮，Stable Diffusion 就会开始扩展图片，等待一会儿，就能看见扩展结果。原图和扩展后的图的对比如图 9-7 和图 9-8 所示。

图 9-7　原图

图 9-8　扩展后的图

可以看到，图片的上方、下方都增加了新的内容，且与原图完美衔接。

如果想继续扩展，只需单击图像预览面板下方的">> 图生图"按钮，将刚扩展得到的新图片重新发送到图生图功能模块中，然后再次单击"生成"按钮即可。可以一直重复这个步骤，直到将图片扩展到想要的大小。

如果某次扩展的结果不够理想，可以修改随机数种子，或者确保随机数种子的值为 –1，然后再多试几次。

9.3 局部重绘

在第 8 章 8.3 节演示过一个局部重绘的例子——重绘正在读书的小女孩的手部。具体做法是在"图生图"面板上传图像，将有问题的部分（如手部）涂黑并重新生成。但局部重绘功能还不止这些，在局部重绘时还可以改变一些关键词，生成不一样的图。

下面是一个例子。

图 9-9 是一个动漫角色形象，他有一头火红色的头发，使用以下提示词生成：

1boy, portrait, pompadour hair, **red hair**, little smile, yellow eye, black jacket, medieval, village burning at night

图 9-9　原图：红色头发

如果想把他的头发改成蓝色，但画面其余地方不变，就可以使用图生图中的局部重绘功能。

首先在"图生图"面板中将图片导入，将头发部分涂黑，如图 9-10 红线所示的地方。

图 9-10　将头发部分涂黑

接下来再将提示词修改为：

1boy, portrait, pompadour hair, **blue hair**, little smile, yellow eye, black jacket, medieval, village burning at night

即将原本的"red hair"（红色头发）改为"blue hair"（蓝色头发）。然后单击"生成"按钮，结果如图 9-11 所示。

图 9-11　新图：蓝色头发

可以看到，图片的其他地方没有变化，但角色头发的颜色已被改成了蓝色，且与图片其余地方完美融合。

局部重绘是一个非常实用的功能，无论是生成新图还是扩展现有图像，当画面整体不错只是局部有些瑕疵时，就可以考虑使用局部重绘来对细节进行调整。

9.4 姿势控制

使用 Stable Diffusion 创作一段时间后，可能会发现想精确控制图像中人物的姿势似乎不太容易，毕竟文字的表现力有限，一些姿势很难用提示词精确描述，或者即使描述了 AI 也不能完全理解。那么，有办法让生成的人物摆出指定的姿势吗？答案是肯定的。借助 ControlNet，可以生成任何想要的人物姿势。

9.4.1　什么是 ControlNet

ControlNet 是 Stable Diffusion 的一个扩展，它带来了很多强大的功能，例如让创作者可以精确地控制人物角色的姿势、将线稿转为其他类型的图像等。

9.4.2　安装 ControlNet

01 ControlNet 和其他扩展一样，可在 Web UI 界面单击顶部的"扩展"标签页，进入"扩展"界面进行安装。

"扩展"界面有几个子标签，分别为"已安装""可下载""从网址安装""Backup/Restore"（备份 / 恢复）。可以在"可下载"面板获取所有可下载的扩展列表，从中找到 ControlNet 并单击"安装"按钮。也可以在"从网址安装"面板直接输入 ControlNet 的仓库地址"https://github.com/Mikubill/sd-webui-controlnet"，随后单击下方的"安装"按钮进行安装，如图 9-12 所示。

文生图	图生图	后期处理	PNG 图片信息	模型合并	训练	设置	**扩展**

已安装	可下载	**从网址安装**	Backup/Restore

扩展的 git 仓库网址

https://github.com/Mikubill/sd-webui-controlnet

Specific branch name

Leave empty for default main branch

本地目录名

留空时自动生成

安装

图 9-12

稍等片刻，就可以看到安装成功的提示。如果遇到网络错误，可以在浏览器手动访问 ControlNet 仓库的地址，将整个仓库下载下来，解压，放到 Stable Diffusion Web UI 安装目录下的 extensions 文件夹内。

02 此时还只安装了 ControlNet 的脚本文件，要真正使用它，还需要下载对应的模型文件。

①扫码查看

访问位于 Hugging Face 网站上的 ControlNet 的模型页面[①]，下载模型文件（以 .pth 结尾的文件），并将文件放到 Stable Diffusion Web UI 安装目录下的"extensions/sd-webui-controlnet/models"文件夹内即可。

ControlNet 有很多模型文件，用途各不相同，但体积都比较大，可以全部下载，也可以先下载需要的模型，例如最常用的 OpenPose 和 Canny 等模型。

03 随后，重启 Web UI，再刷新 Web UI 界面，如果在文生图界面的参数设置部分看到一个新的 ControlNet 设置项，如图 9-13 所示，就表示安装成功了。

随机数种子 (Seed)
-1
ControlNet v1.1.224
脚本
None

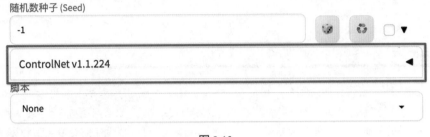

图 9-13

9.4.3 OpenPose

OpenPose 是一个开源的用于控制生成图像中人物姿势的 ControlNet 模型。接下来以 OpenPose 为例，演示 ControlNet 的基本用法。

01 单击文生图参数设置界面 ControlNet 组件最右侧的箭头，可以展开 ControlNet 的设置项，如图 9-14 所示。

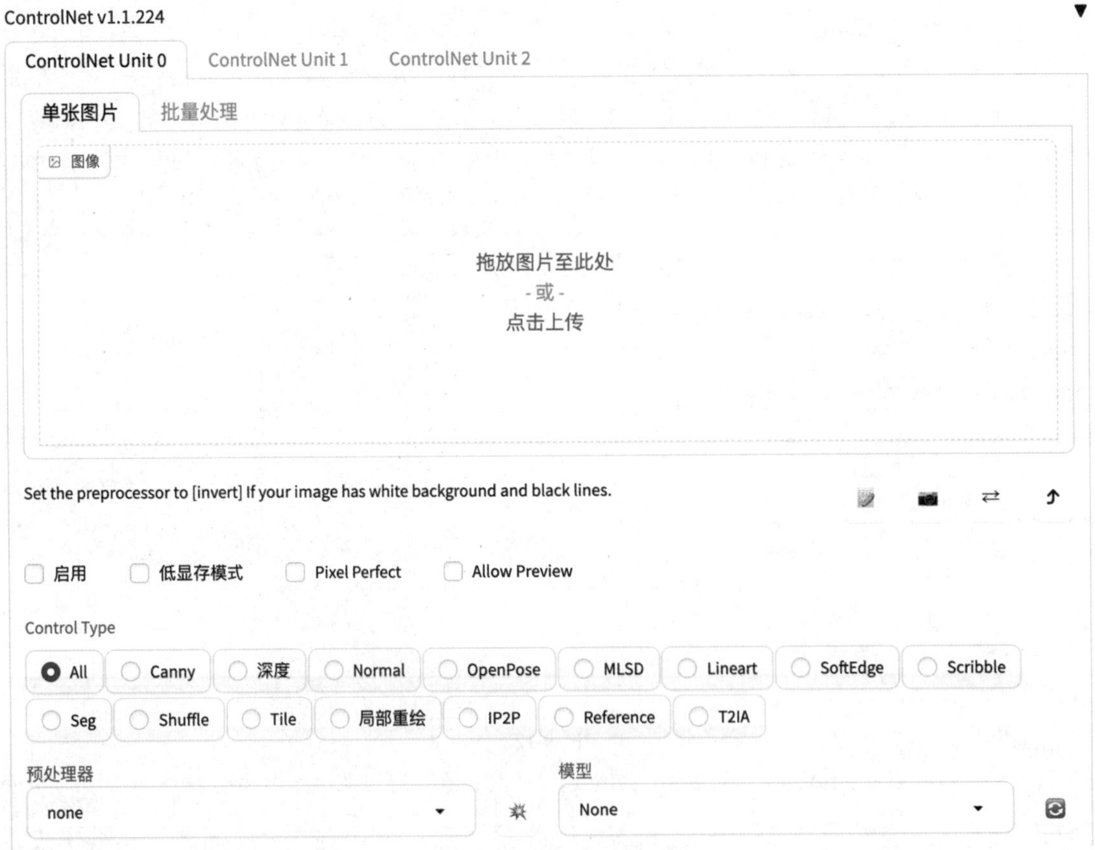

ControlNet v1.1.224
ControlNet Unit 0
ControlNet Unit 1
ControlNet Unit 2
单张图片
批量处理
图像
拖放图片至此处
- 或 -
点击上传
Set the preprocessor to [invert] If your image has white background and black lines.
启用
低显存模式
Pixel Perfect
Allow Preview
Control Type
All
Canny
深度
Normal
OpenPose
MLSD
Lineart
SoftEdge
Scribble
Seg
Shuffle
Tile
局部重绘
IP2P
Reference
T2IA
预处理器
none
模型
None

图 9-14

02 可以在这个界面上传一张包含期望的人物姿势的图片作为参考图，勾选“Allow Preview”（允许预览）复选框，在下方的“预处理器”下拉菜单中选择“openpose”选项，再单击旁边的爆炸图标（💥）按钮。之后将在刚刚上传的图片旁边看见一个黑色背景的骨架图，如图 9-15 所示。

图 9-15

参考图与骨架图的对比如图 9-16 和图 9-17 所示。

图 9-16　参考图

图 9-17　骨架图

可以看到，骨架图已经基本自动识别出人物的肢体姿势了。如果识别有误，也可以继续在 OpenPose 编辑器等工具中进一步调整。

03 勾选"Preview as Input"复选框，将预览的骨架图作为 ControlNet 的输入，同时在下方的"模型"（Model）下拉框内也选择 openpose 模型（名字类似"control_v11p_sd15_openpose"）。

04 单击右上角的"生成"按钮，Stable Diffusion 就会根据传入的姿势生成新的图片。

图 9-18 所示是一个生成的例子。

图 9-18

可以看到，生成图片中人物的姿势与原图人物的姿势非常相似。

除了直接使用 OpenPose 预处理器外，还可以使用 openpose_face、openpose_faceonly、openpose_full、openpose_hand 等预处理器，顾名思义，它们可用于控制面部表情、全身或手部姿势等。原图如图 9-19 所示，各预处理器生成的骨架如图 9-20 ～图 9-24 所示。

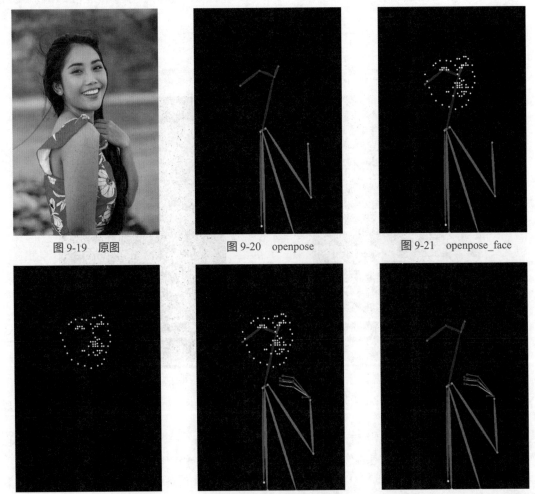

图 9-19　原图　　　　　　　　图 9-20　openpose　　　　　　图 9-21　openpose_face

图 9-22　openpose_faceonly　　　图 9-23　openpose_full　　　　图 9-24　openpose_hand

通过这些不同的预处理器，可以灵活地选择新图中的人物要保留原图的哪些特征，如表情、姿势、手部等。

9.4.4　OpenPose 编辑器

9.4.3 节演示了如何从一张现有的图片中提取姿势的方法，这个方法虽然强大，但也有一些限制，例如需要有一张对应姿势的照片才行，如果找不到合适的照片就麻烦了。如何让生成的人物摆出任意我们想要的姿势呢？可以使用 OpenPose 编辑器等扩展，非常方便地编辑人物姿势。

1. 安装 OpenPose 编辑器扩展

首先，需要安装 OpenPose 编辑器扩展。和安装其他扩展类似，步骤如下。

01 单击 Web UI 主界面顶部的"扩展"标签，切换到扩展页面。

02 选择"从网址安装"面板，输入 OpenPose 编辑器扩展的仓库地址：https://github.com/fkunn1326/openpose-editor。

03 单击下方的"安装"按钮。

如果一切顺利，扩展很快就会安装成功。如果遇到网络问题，也可以访问 OpenPose 编辑器扩展的仓库地址，手动下载整个仓库的文件，解压之后放到 Web UI 安装目录下的 extensions 文件夹下。

随后，重启 Web UI，再刷新页面，如果顶部导航那里看到一个新的名为"OpenPose 编辑器"的标签，如图 9-25 所示，就表示安装成功了。

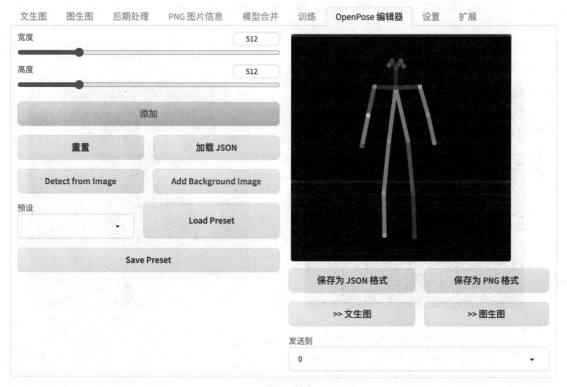

图 9-25

2. 使用 OpenPose 编辑器

（1）在 OpenPose 编辑器页面的右侧有一个人形的简笔画，是人物的骨架图，可以调整它的关节和肢体，摆出想要的姿势，然后单击下方的"文生图"按钮，将编辑好的姿势发送到"文生图"界面。

（2）接着，在"文生图"界面的 ControlNet 面板可以看到刚发过来的编辑后的人物姿势。在这个面板中勾选"启用"复选框，同时将下面的"预处理器"设为"none"，"模型"选择"control_v11p_sd15_openpose"，其余各项可保持默认或调整为你需要的值，如图 9-26 所示。

图 9-26

（3）随后输入提示词、反向提示词，选择合适的模型，设置参数，单击"生成"按钮，即可生成指定姿势的人物图像，如图 9-27 和图 9-28 所示。

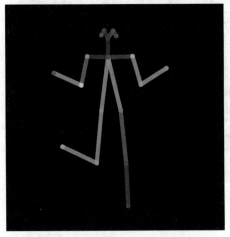

图 9-27

图 9-28

在 OpenPose 编辑器面板，还可以添加多个人物骨架，实现多人场景中各角色姿势的定制。

注意：ControlNet 对显卡的性能要求也较高，如果显存不足，可能导致引导效果不佳。即使显存充裕，有时生成的图像和指定的姿势也可能不完全相同，这时可以调整参数或姿势多尝试几次，或者换一个模型试试。

9.5
基于线稿的绘画

除了使用提示语生成全新的图像，还可以基于已有线稿进行绘画。

这个功能同样依赖于 ControlNet 扩展，如果读者还没有安装 ControlNet，请参考 9.4 节先进行安装。

①扫码查看

基于线稿绘画还需要安装 ControlNet 的 Lineart 模型，可访问 ControlNet 模型页面[①]
下载（文件名类似"control_v11p_sd15_lineart.pth"）。

下载完成之后，将它放到 Web UI 安装目录下的"extensions/sd-webui-controlnet/
models"目录下即可。

9.5.1　线稿上色

来看一张线稿，需要给它上色，如图 9-29 所示。

图 9-29

在"文生图"界面单击打开 ControlNet 设置面板，上传这张线稿，勾选"Allow Preview"（允许预览）
复选框，在下方的"预处理器""模型"中都选择 Lineart 相关的选项，例如"预处理器"选择"lineart_
standard（from white bg & black line）"，"模型"选择"control_v11p_sd15_lineart"。

单击"预处理器"后方的"💥"按钮，可生成预览，再勾选"Preview as Input"（将预览作为输入）复选
框，如图 9-30 所示。

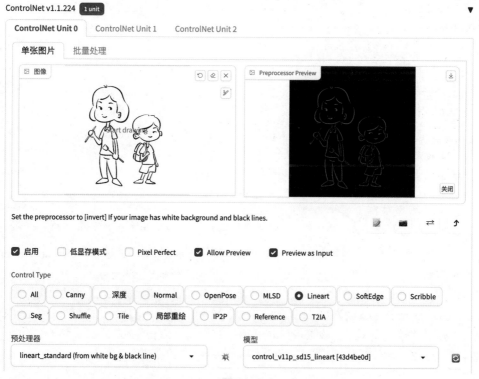

图 9-30

不要忘记勾选"启用"复选框，否则 ControlNet 功能不会生效。

其他配置及参数如下。

模型：

MeinaMix[①]

提示词：

mom and son, cartoon, Mother holds a paintbrush in her right hand, and her son is carrying a schoolbag, cute, clean background

反向提示词：

EasyNegativeV2

单击"生成"按钮，等待片刻，线稿上色就完成了。线稿以及完成稿的对比如图 9-31 和图 9-32 所示。

图 9-31

图 9-32

①扫码查看

9.5.2　线稿转 3D

接下来，再尝试将这个线稿转为 3D 图片。

②扫码查看

模型：

Disney Pixar Cartoon Type A[②]

提示词：

mom and son, 3d, c4d, Mother holds a paintbrush in her right hand, and her son is carrying a schoolbag, cute, disney style, clean background, <lora:3DMM_V7:1>

反向提示词：

EasyNegativeV2

采样方法：

Euler a

ControlNet 参数的设置中，"预处理器""模型"都选中"lineart"对应的选项，Ending Control Step 设置为 0.5，如图 9-33 所示。

其中 Ending Control Step 参数的含义是传入的引导图在前面多少比例的迭代步数中生效，例如总迭代步数为 20 步，Ending Control Step 设为 0.5，则表示会在前 10 步中使用引导图。这个参数如果设置得太小，可能导致生成的图片和线稿差异较多，设置得较大，可能导致 AI 不能充分发挥，图像效果达不到预期。参数值具体设置为多少没有统一的标准，需要根据选择的模型以及期望的效果多次尝试。

图 9-33

参数确定后，单击"生成"按钮，稍等片刻就能得到对应的 3D 图像。线稿和生成的 3D 图像如图 9-34 和图 9-35 所示。

图 9-34

图 9-35

可以看到，生成的 3D 图像和线稿非常相似。

使用相同的方法，还可以将线稿转为漫画、真人照片等形式。当然，要得到较好的效果，需要选择合适的模型，设置合适的参数，同时线稿本身也要满足一定的要求，例如想把线稿转为真人照片，那么线稿的画风最好尽量写实等。

9.6 本章小结

Stable Diffusion 的功能非常强大，得益于其开源的策略，很多开发者以及艺术家为它贡献了大量的工具和素材，这也进一步增强了它的功能。

除了基本的文生图功能外，Stable Diffusion 还可以做更多，例如以图生图，修改图片局部问题，精确控制人物姿态，给线稿上色或者将线稿转为 3D，等等，这也是 Stable Diffusion 相较于 Midjourney 更加强大之处。

到这里，读者应该对 Stable Diffusion 的主要功能已经有了一个基本的了解，不过要用好这个工具，还需不断实践和练习。另外，Stable Diffusion 还有一些更高级的功能，例如自行训练模型等，这些功能较为复杂烦琐，也并非每位读者都需要，限于篇幅，本书没有涉及，有兴趣的读者可另行寻找相关资料进行学习。

第 10 章
AI 绘画的思考与展望

2022 年被称为 AIGC（人工智能生成内容）元年，在这一年，几项 AI 技术取得了一系列令人瞩目的进展，不但让 AI 生成内容的质量得到了飞跃式的提升，还让相关技术的门槛与成本都大幅降低。于是，AIGC 不再只是实验室中少数专家的研究课题，而是迅速流行，成为普通人也能学习和使用的工具。AIGC 的流行为它带来了更多的关注，吸引了更多的人才以及资源进入这个领域，这又进一步推动了 AIGC 的发展，形成一种相互促进、良性循环的状态，让 AIGC 的发展步入了一日千里的快车道。

围绕 AIGC 这个话题，目前存在着很多争论。有人对它心存疑虑，观望不定；有人张开双臂，热情地欢迎它的到来；也有人十分警惕，甚至对它充满敌意。不过，无论它是否被人们喜欢，都不可否认 AIGC 已经是一件不容忽视的新兴事物，正以惊人的速度改变着艺术创作的形式和未来。

前面的章节中，我们介绍了 AI 的发展历史以及 Midjourney、Stable Diffusion 这两个 AI 绘画平台，相信你对 AI 绘画已经有了一个较为系统的了解。最后一章我们将探讨 AI 绘画在伦理和法律上遇到的问题，以及它可能带来的影响。

10.1
AI 绘画的伦理与法律问题

2023 年 1 月 23 日，美国三名艺术家对 Stability AI（Stable Diffusion）、Midjourney 和 DeviantArt 三家公司发起了集体诉讼，指控这些公司开发的 AI 绘图工具在训练过程中使用了大量未授权的图像，侵犯了数百万艺术家的权利，构成了版权侵权。

这起诉讼引发了广泛的关注与讨论。我们知道，AI 绘画工具的核心包括两部分，分别是算法和数据，算法自然来自于 AI 研究者，而数据则是通过输入海量素材进行训练得到的，问题就出在这些素材上。

AI 绘画训练所用的素材主要是各种图片，据称三家被起诉的公司使用的训练图片数超过 50 亿张，其中除了公共图片和已授权的图片，还包括大量具有版权但未被授权的图片。

AI 是否可以无偿使用那些受版权保护的图片进行训练呢？这一问题成为各方关注的焦点。

有相当比例的创作者认为不可以，甚至有一些艺术家发起了抵制 AI 使用自己的作品进行训练的活动。然而，从技术上来说，这个限制很难实现，因为 AI 训练所需的素材常常是海量的，监管方要辨别这些素材的来源是否合法非常困难，艺术家本人也不太可能有足够的时间与能力去检查各 AI 产品有没有使用自己的作品进行训练。

另一方面，也有许多人认为，应该允许 AI 使用各种数据进行训练，因为这有利于新技术以及相关产业的发展，最终将造福整个人类社会。

总的来说，这是一个全新的问题，目前尚无明确的共识。

回到这起诉讼案件。2023 年 4 月，被告的三家公司发出回应，要求法院驳回集体诉讼，理由是 AI 创作的图像与艺术家的作品并不相似，而且诉讼没有注明涉嫌滥用的具体图像。

截至本书编写，案件还没有最终定论，无论最终如何判决，这个案件的影响都将十分深远。

在 AI 训练所允许使用的素材方面，各国有着不同的态度。在我国，根据现行《著作权法》关于合理使用的规定，可适用于 AIGC 数据训练的情形主要包括以下三种："个人使用""适当引用"以及"科学研究"。

在主要发达国家中，目前持最开放态度的是日本。2018 年，日本修改了版权法，允许机器学习工程师免费使用他们找到的任何数据，包括受版权保护的数据，只要目的"不是为了享受作品中表达的思想或感受"。

在美国，版权法包含一项"合理使用"原则，只要使用者对作品做了显著改变且不威胁版权持有人的利益，通常允许在未经许可的情况下使用受版权保护的作品。但这个合理使用是否包括训练 AI 模型还有待确定，当前正在进行的案件的判决可能会给这个问题一个定论。

在欧盟，开发者也可以自由使用受版权保护的作品进行研究，但在即将出台的《人工智能法案》（AI Act）中，开发者被要求必须披露在 AI 训练中使用了哪些受版权保护的作品。

该法案的草案已于 2023 年 6 月 14 日在欧洲议会上通过，接下来欧洲议会、欧盟成员国和欧盟委员会将开始"三方谈判"，以确定法案的最终条款。若一切顺利，该法案预计将在 2023 年年底获得最终批准，有可能成为全球首个关于人工智能的法案，不过距其完全生效可能还需要数年时间。

欧盟在立法上常常走在世界前列，其一些法规往往会成为事实上的全球标准，因此欧盟的这部《人工智能法案》可能对后续各国的相关立法产生重大影响。

除了训练素材，还有一个无法回避的问题：AI 生成的作品究竟归谁所有？

对于传统画师来说，作品只要不涉及抄袭，版权通常便自然而然地属于创作者，很少会有争议。但对 AI 绘画来说，情况是否相同呢？

这个问题也没有简单的答案。AI 的绘画技能并非凭空而来，它们的数据库中汇集了无数人类艺术家的作品，生成的作品有可能与某条素材相似，或是形似若干素材的组合拼接，要辨别哪些作品属于 AI 原创，哪些作品侵犯了人类艺术家的版权，是一件非常困难的事。

即使认定生成的图像属于原创，没有侵犯任何人类艺术家的版权，那么这张图片属于谁呢？是属于使用 AI 绘画工具进行创作的人，还是属于 AI 绘画工具的开发者或平台提供方？

目前，不同的 AI 绘画工具或平台对产出画作的归属有着不同的协议。对 Midjourney 平台来说，如果你是免费用户，那么生成的作品属于 Midjourney 公司；如果你是付费用户，那么作品属于你，你可以将它用作包括商用在内的各种合法用途。对 Stable Diffusion 来说，如果你是在自己的设备上运行并生成了图片，那么图片属于你；但如果你是在某个基于 Stable Diffusion 的云平台生成了图片，那么图片的具体归属则要看对应平台的协议。

隐私问题也是 AI 绘画需要关注的问题。有一些图片可能并不是公开资料，或者包含一些个人或组织的隐私信息，但因为种种原因成为 AI 的训练素材，这可能会导致隐私信息泄露，例如使用这些素材训练的 AI 可能会偶然生成包含隐私信息的图像。

另外，AI 虽然很擅长学习绘画技巧，但对不同文化以及习俗的理解仍相对有限，在一些文化中正常的内容在另一些文化中可能是不受欢迎的，AI 可能会在无意中生成包含偏见或歧视内容的图片，从而引发道德和伦理问题。

即使以上问题我们都能圆满解决，AI 绘画仍可能带来新的问题。例如，随着 AI 技术的发展，AI 绘画可能会抢占一部分人类艺术家的工作，导致部分人类艺术家失业或者生存空间受到挤压，而这可能还只是 AI 全面抢占人类工作的一个缩影。

从更高的层面来说，一项技术只有能提升人类整体的生活水平或者幸福感，才会被认为是有益的，否则，无论它多么炫酷，也终将被扔进历史的"垃圾堆"。那么，AIGC 会是怎样的技术呢？它在抢占一部分工作机会的同时，是否能带来更多新的机会，让我们的世界变得更美好？这是一个更宏大也更严肃的问题，也许需要无数人一起努力才能最终找到答案。

10.2
与 AI 绘画共处的未来

AI 绘画是艺术创作领域一项前所未有的变革，它并不是一种新的艺术风格，也不是一件新的绘画器具，而是一种新的绘画方式，它的出现，可能会彻底改变艺术家们沿袭了数千年的创作方法。

预测未来是困难的，尽管 AI 绘画已经表现出了一些明显的趋势，但要预测它究竟会带来什么，仍然不是一件容易的事。不过，我们可以参考历史上曾经发生过的类似变革，以此来窥探那即将到来的我们与 AI 绘画共处的未来。

一个类似的变革是相机的出现。

回顾历史，我们可以发现在相机出现之前，肖像画曾是一种很重要也很常见的绘画形式，然而，它通常昂贵且耗时，一般只有贵族或者富人才能请得起画师为自己绘制肖像画，同时，即使是贵族或者富人，一生中能留下的肖像画也寥寥可数。可以说，肖像画曾经是身份和地位的象征。

但是，照相技术出现之后，一切发生了变化。相机也能捕捉人物肖像，而且更快、更精准，也更便宜。很快，几乎所有人只要愿意就可以拥有自己的肖像照片，这种照片也许不如传统肖像画那么漂亮，但在还原度上却超越了大部分画师。

可以想象，在照相技术出现的早期，一定也有很多人认为这种技术缺乏艺术性，无法与画师精心创作的肖像画相比。他们也许是对的，但事实却是相机在肖像等领域打败了有着悠久历史的传统选项，变得越来越流行，而且随着技术和理论的发展，一种全新的艺术形式——摄影艺术诞生了，同时诞生的还有摄影师这个新职业。

时至今日，随着带拍照功能的手机的流行，摄影更是成了一件几乎没有门槛的技能，肖像照也早已在绝大部分场合取代了肖像画。如果算上自拍，很多人一天的肖像照数量就比从前的人一生所拥有的还要多，更不用说和更早时期只能靠画师绘制肖像画的先祖相比了。

另一个类似但更遥远的变革是农业的发明。

远古时期，我们的祖先曾经不会生产食物，生存所需的一切都要从大自然获取，这个时期的人类被称为"食物采集者"。

食物采集的效率是低下的，祖先们常常需要在丛林中探索很久，才能寻得一些果实。终于有一天，一些聪明人搞明白了植物生长的规律，他们种下了植物的种子，悉心照料，最后收获了可以果腹的食物。于是，农业诞生了。

回想一下画师们的工作，在 AI 绘画出现之前，画师们要产出画作，唯一的办法就是亲身前往创意的丛林，一步一步（一笔一画）地探索，最终带回自己的作品。这个过程对画师的技能要求很高，充满艰辛和挑战，一些伟大作品的诞生过程甚至可谓惊心动魄，但同时，这个过程也是低效的、高成本的、难以大规模复制的。

但一些聪明人找到了一种新的方法，只需以某种方式将现有的图片当作种子种下去，就可以收获更多类似的新图片。

在这儿，AI 算法就类似于作物的种植方法，各种图片素材类似于种子，训练出来的模型则类似于播下种子后的农田，画师们要做的，就是在不同的农田中使用提示词筛选自己需要的果实。

这是一种全新的生产创作方法。也许农田中物种的多样性比不上自然界，但不可否认的是，农田的产出更多、更稳定，而且从实用的角度来看已经足够好了。

尽管 AI 绘画背后的原理很复杂，但作为普通用户，我们不必深究那些技术细节，只需掌握它的用法，知道它擅长做什么，以及它不擅长做什么就可以。就像现代社会，每个人都可以用手机拍照，却不必了解摄像头成像的技术细节一样。

同时，对 AI 的能力我们也要有一个理性的认识。如果对 AI 抱有过高的期望，认为 AI 能解决所有问题，恐怕很快就会遭受失望；同样地，抗拒 AI，看见 AI 生成了有问题的图像就加以嘲笑，进而一味地否定 AI 的价值，也不是正确的做法。和人类曾经发明的其他工具一样，AI也是一种工具，既然是工具，就总会有所长短，我们应该使用它的长处，避开它的不足。

从短期来看，AI绘画还有很多地方无法与优秀的人类艺术家相比，但它已经能很好地完成很多从前需要大量烦琐步骤才能搞定的工作，而且能力正在快速迭代提升中。用好它，也许可以大幅提升你的创作效率，让你从无趣的重复劳动中解放出来，将精力放到更广阔的艺术探索中去。

从中长期来看，AI绘画必然会让艺术创作的成本和门槛大大降低，让我们步入一个艺术作品十分丰饶的世界。这样的世界究竟是什么样子，现在的我们可能还很难想象，就像相机和农业出现之初，没有人能想到它们给世界带来的改变一样。

我们尚处在此次浪潮的早期，一方面给我们带来学习新知识的压力，另一方面也给我们带来了新的机遇。每个人的情况不同，具体的应对策略取决于你的职业以及规划，但只要以开放的心态保持学习，就一定能在这次浪潮中找到适合自己的路线，成为更好的自己。

10.3
本章小结

本章探讨了AI绘画在伦理和法律上的一些问题，作为一个新兴事物，AI绘画正面临着很多争论，其中一些争论可能会持续很久。

可以预见，未来一段时间里AI绘画将持续高速发展，产生越来越大的影响，进而深刻地改变艺术创作的形式。

荀子《劝学》中有这么一句话："君子生非异也，善假于物也。"意思是"君子的资质秉性跟一般人没什么不同，（只是君子）善于借助外物罢了。"我们就以这句话来结尾，希望读者朋友们都能掌握AI绘画技能，并借助这个强大的工具绘制出更精彩的世界。